MÉMOIRE

SUR LA

CONVERSION DES TAILLIS SOUS FUTAIE EN FUTAIE.

MÉMOIRE

SUR LA CONVERSION

DES

TAILLIS SOUS FUTAIE EN FUTAIE

PAR

M. CH. BECQUET

Membre de la Société impériale et centrale d'agriculture de France.

PARIS

IMPRIMERIE ET LIBRAIRIE D'AGRICULTURE ET D'HORTICULTURE

DE Mme Ve BOUCHARD-HUZARD,

RUE DE L'ÉPERON, 5.

1866

L'aptitude générale des sols à la production de la futaie que je soutiens dans ce Mémoire n'est pas une opinion résultant d'idées préconçues ou arrêtées systématiquement dans mon esprit : elle s'est, au contraire, formée à la suite de longues études, et surtout de faits recueillis dans les différents postes que l'administration a bien voulu me confier.

Peu d'agents, dans le cours de leur carrière, ont été aussi favorisés que moi ; peu d'entre eux ont été surtout à même de visiter et d'étudier autant de forêts que j'ai pu le faire dans tous les grades que j'ai occupés dans la hiérarchie forestière.

Sous-inspecteur dans la Meurthe, dans l'Yonne,

inspecteur à Châlon-sur-Saône, puis à Strasbourg ; conservateur à Albi, à Mâcon, à Strasbourg, enfin à Paris, j'ai été à même, dans cette longue pérégrination, d'acquérir une connaissance approfondie des sols et des faits forestiers. C'est dans ces faits et dans ceux qui ont été constatés par des collègues ou des collaborateurs distingués, que j'ai puisé l'opinion convaincue que j'ai émise sur l'état des forêts traitées en taillis, et sur la nécessité de réformer un régime contraire à la conservation des sols et à leur satisfaisante production.

Paris, 30 mai 1866.

Ch. BECQUET.

SOCIÉTÉ IMPÉRIALE ET CENTRALE D'AGRICULTURE
DE FRANCE.

MÉMOIRE

SUR LA

CONVERSION DES TAILLIS SOUS FUTAIE EN FUTAIE.

Messieurs,

Dans l'exposé que j'ai eu l'honneur de présenter à la Société, au point de vue de la consommation générale du pays, de la production actuelle de la propriété forestière des particuliers, et sur l'avenir réservé à la consistance et au revenu de cette propriété, j'ai dû appuyer ma thèse sur les faits nombreux de défectuosité ou de dépréciation que le traitement en taillis avait révélés dans son application aux forêts appartenant à l'État et aux communes.

Ces faits m'ont paru d'autant plus probants que les exploitations en taillis effectuées dans ces forêts avaient toutes des révolutions bien plus prolongées que celles usitées dans les bois des particuliers.

Tout le monde sait, en effet, que les révolutions des coupes adoptées dans les forêts de l'État et des communes ne sont qu'exceptionnellement fixées au-dessous de vingt ans et que le plus grand nombre est arrêté à vingt-cinq ans et même au delà jusqu'à trente-cinq années (1).

Les vices du traitement en taillis, que je signalais, m'ont amené naturellement à vous faire connaître les mesures que l'administration des forêts avait prises pour en arrêter les effets et pour remettre en bon état de production les peuplements et les sols des propriétés dont la gestion lui était spécialement déférée par la loi.

Je vous ai dit simplement que ces mesures consistaient principalement en la conversion en futaie d'un grand nombre de forêts jusqu'alors traitées en taillis, et je vous ai cité, comme exemple à suivre, les travaux considérables de cette nature exécutés depuis quelques années dans la conservation que j'ai l'honneur de diriger.

A la suite de la lecture de mon exposé, plusieurs membres m'ont demandé des explications sur les procédés adoptés pour l'exécution, dans les forêts de l'État, des conversions de taillis en futaie, et m'ont en quelque sorte mis en demeure de définir les moyens employés.

J'ai donné quelques explications, mais la matière étant abstraite, même pour des personnes parfaitement initiées à nos termes forestiers, il m'est resté la crainte que ces explications n'aient pas été suffisantes pour vous faire apprécier tout le bienfait de la conversion et le résultat important qu'elle prépare dans l'avenir à nos forêts domaniales.

J'avais pensé à suppléer à ces explications par une note que j'aurais jointe à la suite de mon exposé, mais, à mes yeux, la question des conversions des taillis en futaie a une si grande importance, qu'il m'a paru difficile d'en restreindre la solution dans les limites d'un simple appendice à mes observations sur la production actuelle des forêts des particuliers et sur son avenir.

---

(1) Voir l'article 69 de l'ordonnance réglementaire du Code forestier qui fixe à 25 ans au moins l'âge des taillis.

Je me suis décidé à traiter *in extenso* la question de la transformation des taillis en futaie, et je suis prêt à vous en lire le développement, si vous pensez, Messieurs, que cette lecture ne dérobera pas à vos délibérations un temps précieux qui pourrait être mieux employé à des questions plus spécialement de votre ressort.

Encouragé par votre bienveillance, je vais donc vous exposer les principales méthodes adoptées pour opérer en un laps de temps donné l'œuvre de la transformation des taillis sous futaie en futaie pleine.

J'ai l'espoir que cet exposé, ainsi livré à la connaissance des propriétaires de forêts particulières assez vastes, pourra peut-être leur être utile, et les engagera, dans l'intérêt de leur famille, à imiter l'exemple donné par l'État.

Sans doute l'enseignement que cet exposé implique ne peut avoir cette utilité que pour les propriétaires forestiers sérieux qui savent conserver et qui ne se laissent pas entraîner, comme le plus grand nombre paraît le faire aujourd'hui, par l'appât de la réalisation d'un capital matériel longuement amassé dans leurs bois, ou par celui d'une augmentation de revenus, trop souvent éphémère, que produit la mise en culture d'un terrain jusque-là consacré à la production ligneuse.

Je vais vous faire connaître d'abord les considérations générales et particulières qui ont décidé l'administration forestière à entrer dans la voie de la conversion des taillis sous futaie en futaie.

J'examinerai ensuite les sols et les peuplements qui peuvent être utilement soumis à la conversion.

J'indiquerai, en dernier lieu, les conditions à observer pour obtenir en même temps une satisfaisante et fructueuse conversion, et je donnerai, en terminant, quelques-uns des exemples de conversion appliqués aux forêts domaniales de la première conservation.

PREMIÈREMENT.

Considérations qui ont décidé l'administration des forêts de l'État à convertir les taillis sous futaie en futaie.

Malgré l'emploi de la houille dans les usines et dans le chauffage des foyers domestiques, malgré celui du fer dans les constructions, il est un fait qu'on ne saurait contester aujourd'hui, c'est que la production du sol forestier de la France ne suffit plus à la satisfaction des vastes besoins que son industrie, si largement développée, son vaste réseau de chemins de fer, ont révélés sur toute l'étendue de notre territoire.

Les causes de l'affaiblissement de cette utile production résultent d'événements de force majeure qu'il importe de rappeler.

D'abord, en ce qui concerne la propriété forestière de l'État, il ne faut pas les rechercher ailleurs que dans les conséquences inévitables des graves événements politiques survenus en 1789, 1830 et 1848.

Ce sont, en effet, les guerres de la république et du premier empire, les invasions de 1814 et 1815, les révolutions de 1830 et de 1848 qui ont pesé aussi rudement sur la consistance que sur la contenance des forêts domaniales.

Je dis que ces événements ont pesé sur la consistance de ces forêts parce qu'il a fallu, pour la défense du territoire, armer les places fortes et pourvoir largement à l'approvisionnement des chantiers de l'artillerie et de la marine.

Or la satisfaction de ces besoins impérieux a exigé l'exploitation des futaies existant sur les forêts de l'État, soit en massifs, soit réparties sur les coupes où elles avaient été accumulées en suite des sages et intelligentes dispositions de l'ordonnance de 1669.

Le temps écoulé depuis l'exécution de ces vastes exploitations n'est pas assez long pour que les ressources enlevées aient été remplacées par des ressources nouvelles.

Le temps lui-même a créé d'ailleurs d'autres besoins qu'il a fallu également satisfaire, et le vide fait n'a pas été comblé.

Mais la cause de l'affaiblissement de la production des forêts de l'État ne gît pas seulement dans ces vastes exploitations ; les graves événements que j'ai rappelés ont encore pesé sur la contenance même de la propriété domaniale parce qu'ils ont amené à leur suite les crises financières qui ont contraint les gouvernements, pour relever le crédit, à aliéner une partie notable du domaine forestier de l'État.

Les acquéreurs des forêts aliénées les ont largement exploitées, et ils ont, pour la plupart, livré leur étendue, dépouillée de sa superficie, au défrichement et à la culture.

La contenance des forêts de l'État a donc perdu dans ces aliénations plus de 300,000 hectares de nos meilleures forêts, dont la production manque aujourd'hui pour la satisfaction de nos besoins généraux.

Ensuite, en ce qui concerne la propriété forestière des communes, la cause de l'affaiblissement de sa production repose également sur les mêmes événements signalés et sur la satisfaction justement donnée à des besoins nouveaux ressortant de nos institutions politiques.

Ainsi, après les événements de 1789, lorsque le pays était rentré dans le calme, il a fallu relever les églises et les temples, édifier les mairies ; plus tard, après 1830 et 1848, il a fallu armer et habiller les gardes nationales, construire les maisons d'école, les salles d'asile, créer et réparer les chemins vicinaux, enfin doter d'années en années les communes de toutes les améliorations qu'exigeait la civilisation avancée de la France.

Les dépenses que ces grands travaux d'intérêt public de premier ordre ont occasionnées n'ont été couvertes, lorsque les communes possédaient des forêts, qu'avec les ressources puisées de préférence dans leurs propriétés forestières.

Les forêts des communes se trouvent donc encore plus

dépourvues de ressources matérielles que celles appartenant à l'État. Elles ne reviendront à une production plus élevée qu'avec l'adoption de sages et prévoyants aménagements, qui régleront plus sûrement le bon état de leurs peuplements et la possibilité de leurs exploitations futures.

Il résulte, évidemment, des faits que je viens de signaler, que le rendement actuel en matière des forêts de l'État et des communes n'est plus ce qu'il était il y a cinquante ou soixante ans, que l'étendue même de ces forêts a sensiblement diminué soit par les aliénations, soit par les distractions du régime forestier et par les défrichements.

Peut-être que l'on ne trouvera pas la contenance (1) des forêts communales aussi sensiblement atteinte. Cette condition peut résulter, en effet, de l'adjonction, qui a été faite à leur ancienne contenance, de nombreux terrains en friche ; mais il n'est pas moins de notoriété publique que, dans ces dernières années, plus de 8 à 10,000 hectares de très-bonnes forêts communales ou d'établissements publics ont été distraits du régime forestier, vendus ou défrichés.

Ce qui est à regretter, c'est que bien des communes, après avoir largement usé des produits existant dans leurs propriétés forestières, n'y trouvant plus les mêmes ressources, se montrent disposées à vendre ou à défricher ce patrimoine qu'elles avaient reçu intact de leurs ancêtres.

S'il n'est pas mis obstacle à ces dispositions qui se révèlent sur bien des parties du pays, il est à craindre que le sol forestier communal ne subisse dans l'avenir une diminution sérieuse qui porterait une nouvelle atteinte à la satisfaction des besoins généraux du pays.

L'insuffisance de la production des forêts de l'État et des communes pour la satisfaction si essentielle de besoins pressants et de plus en plus vastes est d'autant plus regrettable qu'elle ne saurait trouver une compensation utile dans les ressources que livre aujourd'hui à la consommation la pro-

(1) La contenance des forêts communales s'est accrue de celles qui existent dans les deux départements de la Savoie annexés à la France.

priété forestière des particuliers. Je vous l'ai déjà démontré dans mes précédentes observations, cette propriété, en raison de ses exploitations à courte échéance, se trouve plus dénuée de ressources que celles de l'État et des communes.

Les ressources matérielles qu'elle produit encore aujourd'hui ne peuvent que diminuer, par suite des vastes défrichements qui s'exécutent et s'étendent d'années en années sur une portion si considérable de sa contenance.

La loi de 1859 sur les défrichements donnant, d'ailleurs, toute facilité à cette opération, puisque ses dispositions prohibitives se trouvent restreintes dans un cercle très-étroit et souvent insoluble de cas d'opposition, il demeure constant que la propriété forestière des particuliers, ainsi que l'affirmait si nettement M. le comte des Cars dans son excellent ouvrage sur l'élagage des arbres, est destinée à disparaître fatalement ou au moins en majeure partie ; il est donc également avéré qu'elle n'offre déjà plus aujourd'hui, sur la contenance qu'elle renferme encore, que des ressources bien inférieures à celles qu'elle produisait, il y a cinquante ans.

Telles sont, Messieurs, les causes réelles et vraies de l'insuffisance actuelle de la production du sol forestier en France; qu'il soit la propriété de l'État, des communes ou des particuliers.

Cette insuffisance ne se révèle pas encore dans les revenus importants que ce sol donne aujourd'hui en raison de l'accroissement incessant des prix des diverses marchandises sur les marchés du pays, accroissement qui s'étend avec le développement de l'industrie et de la richesse nationales, mais elle est clairement démontrée par l'importance que les importations de bois de service ont prise depuis que les besoins du pays ont plus que doublé par suite de l'exécution de nos si remarquables travaux publics.

Nous sommes devenus tributaires des pays qui nous environnent, lorsque nous étions pourvus d'un sol si apte, par sa composition variée, par ses qualités propres, par le climat favorable sous lequel repose sa situation, à produire à la fois presque toutes les essences forestières qu'on ne rencontre que bien rarement dans un même pays.

En voyant cette aptitude remarquable de notre sol forestier à une excellente production ligneuse, on peut regretter avec raison sa transformation en terres arables, lorsque sa nature même ne le rend pas toujours propre à cette destination.

Mais le pays use d'une juste liberté, je ne veux point la lui contester ; seulement, lorsque la terre ne manque pas à la culture du Blé, et que sa production en cette denrée si essentielle dépasse déjà les besoins de sa consommation ; lorsque les souffrances de l'agriculture en France ne sont pas contestées et éclatent de toutes parts, il me sera bien permis de déplorer la conversion, en terres arables de médiocre qualité, de terrains bien plus propres à la culture forestière qu'à celle de céréales, qui n'est obtenue le plus souvent qu'à l'aide de travaux considérables et dispendieux et avec l'emploi de nombreux engrais au détriment de ceux nécessaires aux terres depuis longtemps consacrées à cette production.

Bon nombre de propriétaires qui défrichent se livrent donc à une expérience qui leur prépare d'amers regrets et de graves mécomptes.

La propriété forestière, d'ailleurs, n'est pas aussi désavantageuse qu'on paraît le penser. Elle devient d'année en année plus productive de revenus en raison même de la réduction qui affecte son étendue.

Si la production en matière est sérieusement réduite, néanmoins les revenus que les forêts donnent s'élèvent graduellement par suite de la diminution même de cette production et par suite de l'augmentation, sans cesse croissante, des besoins généraux du pays.

Je puis ici signaler, Messieurs, à votre attention ce fait remarquable, c'est que les revenus de l'État et des communes dans leurs propriétés forestières s'élèvent progressivement d'année en année malgré les réductions considérables que les aliénations et les distractions du régime forestier ont apportées à leur ancienne étendue.

Dans la conservation de Paris, il a été récemment constaté qu'en 1864, défalcation faite de tous frais quelconques, personnel, frais d'administration, d'entretien ou d'amélioration, l'hectare de forêts appartenant encore à l'État, dans cette circonscription, avait rapporté un revenu net moyen de 70 francs.

Je ne pense pas que l'hectare de terres arables dans les départements de Seine-et-Marne, Seine-et-Oise et de l'Oise compris dans cette circonscription rapporte net une somme équivalente nonobstant sa qualité supérieure bien connue.

On pourra m'objecter que ce chiffre remarquable de 70 francs n'est pas dégagé de l'impôt, puisque l'État n'en paye pas. Je répondrai d'abord que l'État paye un impôt spécial pour l'entretien des chemins vicinaux et de grande communication, ensuite que ce chiffre de 70 francs n'est pas le terme final du rendement à l'hectare des forêts de la conservation, que ce chiffre s'est trouvé atténué en 1864 par diverses circonstances, échanges, ou travaux d'aménagement qui ont nécessité l'interruption d'exploitations sur des contenances importantes.

Or ces interruptions d'exploitations ont évidemment rendu plus faible le rendement à l'hectare basé sur le montant des produits divers réalisés sur l'ensemble des forêts, et divisé par la contenance totale des forêts de la première conservation.

La culture forestière présente donc, il faut le dire hautement, de sérieux avantages, et une facilité de réalisation de production, qui n'existent pas dans la culture ordinaire des terres à Blé.

Je conclurai de ces observations que ce n'est pas dans une restriction apportée à la liberté d'action des propriétaires forestiers que l'administration doit chercher le remède à l'insuffisance de la production ligneuse de notre sol forestier, mais que c'est son devoir de rattacher à la conservation de ce sol forestier les esprits qui en méconnaissent aujourd'hui l'utilité, en appliquant ses efforts à accroître la production ligneuse dans les propriétés de l'État et des communes dont elle a la direction et la surveillance.

Le succès ne manquera pas aux efforts intelligents de l'administration, et ce succès, j'en suis convaincu, en donnant une plus large satisfaction aux besoins du pays, aura justifié, avec une autorité suffisante, l'utilité de la conservation du sol forestier en France, et les avantages nombreux que ce sol procure à ses propriétaires.

Mais comment l'administration accomplira-t-elle sa tâche? comment parviendra-t-elle à augmenter la production ligneuse de nos forêts domaniales?

Un seul moyen existe pour obtenir du sol forestier un accroissement notable des produits ligneux, c'est de modifier radicalement le régime, ou le mode trop généralement suivi en France, dit taillis sous futaie; c'est d'appliquer à ce sol le traitement naturel qui assure dans son exécution la plus grande production en volume et en argent.

Ce traitement, le seul qui puisse donner un pareil résultat, est celui de la futaie.

Il est, en effet, démontré aujourd'hui que ce traitement, sur une même contenance, dans un même laps de temps, crée une production presque double en volume et en qualité de celle que le traitement en taillis donnerait sur cette contenance dans le délai déterminé.

Cette vérité reconnue, l'administration n'a pas hésité dans la mesure qu'elle avait à prendre.

Elle avait, d'ailleurs, reconnu depuis longtemps les vices et les défectuosités du traitement dit taillis sous futaie. Elle avait même essayé, avec énergie, d'y porter remède et de réparer le mal causé; mais elle a été bientôt forcée de reconnaître, par les faits révélés sur tous les points du pays, que ces remèdes n'arrêtaient pas le mal, et qu'un changement radical devenait nécessaire.

Déjà, dans les trente dernières années, l'administration

avait réduit peu à peu l'importance des forêts soumises au régime des taillis; elle avait autorisé, avec empressement, sur toute l'étendue du pays, un nombre assez élevé de conversions de taillis en futaie.

Mais ce nombre était encore limité. Il avait été, en effet, du devoir de l'administration de procéder avec quelque précaution, afin de ne pas porter un trouble trop sérieux dans le chiffre et dans la nature des ressources que les forêts à convertir livraient à la consommation générale.

Pour arriver à un résultat sérieux, plus en rapport avec les exigences accrues de cette consommation, il devenait nécessaire de donner aux travaux de conversion une impulsion plus rapide et plus large.

C'est, il n'en faut pas douter, pour imprimer cette utile et puissante impulsion que, dans une circulaire en date de **1861**, le chef habile qui dirigeait alors l'administration, le regrettable M. Vicaire, faisait connaître qu'il était du plus haut intérêt, au point de vue économique, d'augmenter la production en matière dans les forêts domaniales, d'y créer des ressources qui pussent assurer au pays les bois de qualité si nécessaires à ses constructions civiles et navales; qu'en vue d'une amélioration si désirable l'administration était disposée à accueillir avec faveur toutes propositions de conversion de taillis en futaie qui lui seraient présentées, pourvu que ces opérations pussent s'effectuer dans de bonnes conditions.

Veuillez bien le remarquer, Messieurs, cette habile et prévoyante instruction intervenait à l'époque où Sa Majesté l'Empereur, par les traités de commerce faits avec l'Angleterre et la Belgique, venait de modifier largement les conditions économiques du pays.

Cette réforme utile atteignait les produits forestiers; voici comment :

Les traités avec l'Angleterre et la Belgique, ayant admis avec un droit réduit l'entrée des fers de ces pays sur nos marchés, établissaient une concurrence difficile à soutenir pour nos forges et nos usines qui avaient jusqu'alors fabriqué une grande partie de leurs marchandises avec les charbons que leur fournissaient largement les forêts domaniales et communales.

Évidemment, le fer forgé au bois ne pouvait désormais lutter avec le fer forgé à la houille.

La fabrication dans les usines françaises devait nécessairement, en raison de cette grande réforme, subir une transformation complète, de sorte que les charbons de bois, justement recherchés avant cette grande mesure, allaient être presque complétement délaissés.

Ce délaissement conduisait forcément à l'avilissement de cette marchandise. Il convenait donc de la supprimer dans nos exploitations, mais cette suppression exigeait une modification dans le traitement ancien et venait prêter l'appui le plus puissant à l'œuvre de la conversion, qui n'avait plus alors à ménager ou à prendre en considération les intérêts locaux de la consommation.

Ainsi donc, Messieurs, la mesure de la conversion des taillis sous futaie, adoptée par l'administration des forêts, a sa raison d'être, d'une part dans les conditions du régime économique nouveau fait au pays, et de l'autre dans les défectuosités que l'application du traitement en taillis avait plus manifestement révélées dans les exploitations faites pendant les vingt dernières années.

Telles sont les considérations générales qui ont porté l'administration des forêts à convertir, dans les forêts appartenant à l'État, les taillis sous futaie en futaies pleines.

L'utilité de convertir les forêts de taillis en futaie reconnue par l'administration, il lui restait à examiner la nature du sol, l'état et la qualité des peuplements qui devaient justifier cette opération radicale et qui permettaient d'en espérer un résultat également avantageux, tant sous le rapport d'une meilleure végétation que sous celui d'une production supérieure dans les forêts domaniales.

La question à examiner et à résoudre se posait ainsi:

l'opportunité ou la nécessité d'une opération de conversion repose-t-elle sur certaines qualités ou conditions que devraient renfermer les sols et les peuplements pour être utilement soumis à cette opération ?

Pour répondre nettement à cette question, elle avait à examiner les deux propositions suivantes :

De quelle nature, de quels éléments doit être composé un sol forestier pour qu'il soit propre à une satisfaisante conversion et à produire une futaie riche en volume et en qualité?

Quelles sont les conditions de végétation ou d'essences que doit renfermer un peuplement pour que la conversion en futaie soit facile et subisse, sans obstacle, les phases difficiles de cette opération ?

En d'autres termes plus nets et plus précis, quels sont les sols qui peuvent comporter la futaie?

Quels sont les peuplements susceptibles d'être transformés de taillis en futaie?

Les sols qui sont propres à l'éducation de la futaie, les peuplements en taillis susceptibles d'être convertis en futaie constituent deux ordres d'idées qu'il est indispensable de séparer et d'examiner isolément.

Examinons donc, comme l'administration a dû le faire, ces deux propositions importantes, en commençant par celle qui concerne les sols.

DEUXIÈMEMENT.

Sols qui conviennent à la conversion, ou sont aptes au traitement en futaie.

La définition des sols qui conviennent à la conversion et qui sont susceptibles de recevoir le traitement en futaie semble, à la première vue, difficile à donner sans qu'elle ne soulève, auprès de beaucoup d'esprits prévenus, de nombreuses objections.

Effectivement, l'aptitude des sols à la futaie a de tous temps constitué une de ces questions souvent mises à l'étude, longuement agitées et trop souvent tranchées dans des sens très-opposés par des agents forestiers distingués, également intelligents et éclairés.

L'opinion, jusqu'ici la plus accréditée, est que la futaie ne peut prospérer et atteindre tout son développement que dans un sol profond, substantiel; que les taillis simples ou composés sont le partage forcé des sols peu profonds, de qualité ordinaire ou médiocre, qui ne peuvent, en raison de cette nature, supporter une production exigeant un trop grand emploi de ressources en gaz ou en sucs que ne semble pas suffisamment produire leur composition.

Cette opinion a pour elle la tradition.

Cette tradition s'appuie sur le texte de plusieurs ordonnances ou de lois anciennes, et plus particulièrement sur les dispositions de l'ordonnance de 1669.

L'ordonnance de 1669 imposait comme principe fondamental, dans le règlement des exploitations concernant les bois appartenant aux communautés religieuses ou aux communes, l'obligation de réserver le quart de ces bois pour croître en futaie, *dans les endroits les plus propres à la futaie et où le fond pourrait mieux en porter*. (Titres 24 et 25, art. 2.)

Malgré l'autorité si respectable de cette tradition, j'oserai contester le fondement de cette opinion.

Mais, d'abord, qu'il soit bien entendu que je ne conteste pas qu'il soit facile d'élever de bonnes et belles futaies sur des sols profonds, substantiels et de première qualité.

Nos ancêtres, en inscrivant de tels principes dans leurs lois, ne risquaient point de se tromper, et ils évitaient toutes contestations et toutes difficultés.

Mais, à cette époque de 1669, l'étendue des forêts du roi, des communautés religieuses et particulières était si vaste, les produits que ces grands massifs livraient alors à la consommation étaient si considérables, qu'il semblait inutile de dévier de ces principes généraux.

D'ailleurs les prix divers des marchandises forestières étaient si peu élevés, que les propriétaires de bois se trouvaient en quelque sorte forcés, pour en tirer un parti utile, de ne livrer les peuplements à l'exploitation qu'à l'âge où ces massifs permettaient de réaliser dans cette opération un bénéfice réel en sus des frais à faire pour mettre les bois en coupe et les débiter.

Cependant l'existence des taillis dans ces forêts se trouvait consacrée par des dispositions de l'ordonnance de Louis XIV prescrivant même de très-courtes révolutions ; mais elle n'avait, en fait, aucune importance, parce que d'autres obligations imposées par la même ordonnance exigeaient diverses conditions qui en annulaient l'effet.

Ainsi il y avait, en même temps, condition expresse de marquer de nouvelles réserves à chaque exploitation, de respecter les plus anciennes, qui devaient rester sur pied tant qu'elles seraient saines et en bon état de végétation.

Encore fallait-il, en dernière analyse, pour l'exploitation de ces réserves, lorsqu'elles étaient surannées, que des autorisations spéciales du roi, accordées seulement pour motif de dépérissement complet et dûment constaté, eussent permis de les livrer à la hache.

L'exécution de pareilles conditions réduisait l'action des taillis à un rôle tellement secondaire, qu'en réalité les forêts ainsi traitées présentaient toute l'apparence des futaies, il est vrai composées d'âges et de peuplements différents, mais formant un massif supérieur qui écrasait, par le nombre de ses sujets, par son couvert épais, celui inférieur que le taillis avait pu créer sur les seules places restées sans réserve.

Tant que l'ordonnance de 1669 fut respectée et sérieusement appliquée, ce qui eut lieu jusqu'à la fin du siècle dernier, tant que les besoins restèrent subordonnés aux exigences d'une population encore peu considérable ou d'une industrie peu développée, on peut affirmer, avec pleine raison, que ce traitement, bien qu'anormal, contribua efficacement à maintenir les forêts ainsi traitées dans un état de végétation satisfaisant.

Cet état satisfaisant résultait du couvert épais des massifs ; ce couvert y entretenait une fraîcheur et une humidité constantes qui activaient la production et lui faisaient acquérir les dimensions et les qualités les plus précieuses.

De plus, le choix des réserves ainsi accumulées à chaque exploitation portant de préférence sur les meilleures essences, Chêne, Hêtre, Charme, etc., dont la vie peut embrasser plusieurs siècles, les repeuplements s'effectuaient forcément et naturellement en jeunes plants des mêmes essences.

Il était alors impossible aux autres essences de bois tendres et de bois blancs de végéter sous le couvert d'un si grand nombre de réserves, de sorte qu'avec un pareil traitement la nature des peuplements restait intacte et se perpétuait de révolution en révolution et de siècle en siècle.

Ce régime peut paraître défectueux pour l'éducation complète des futaies, en raison de son défaut si essentiel d'homogénéité dans les peuplements, mais, pour ces temps où les besoins des populations étaient si peu étendus, il avait au moins l'avantage de ne livrer à la consommation que les produits les plus utiles, en même temps qu'il assurait, par le puissant couvert des réserves qu'il faisait établir, la conservation des qualités précieuses du sol et la production des essences d'élite (1).

Le traitement en taillis dans les forêts remonte donc au

---

(1) Je n'entends point par produits les plus utiles ceux qu'un traitement plus rationnel en futaie aurait pu livrer à la consommation.

J'ai voulu dire, par cette expression, que les produits réalisés sous le traitement prescrit par l'ordonnance de 1669, en raison de la composition générale des massifs forestiers résultant moins du taillis que du matériel des réserves surannées disponibles à chaque exploitation, se trouvaient nécessairement, par suite de cette nature toute particulière, dans une con-

delà de l'ordonnance de 1669 ; mais, ainsi que ce régime était pratiqué sous les dispositions de cette ordonnance, il ne ressemblait en aucune manière à celui exécuté depuis les soixante-dix ou quatre-vingts dernières années.

Il renfermait alors dans sa composition deux éléments bien distincts : 1° une futaie composée d'arbres de différents âges provenant des réserves appartenant aux révolutions antérieures qu'il avait subies ; 2° un recru circonscrit dans les places où les arbres n'existaient pas.

Cette futaie dominait le recru, arrêtait son développement et ne recevait de lui aucune influence funeste.

Elle se trouvait établie dans de bonnes conditions de végétation, d'abord en raison de son couvert prolongé, dont les dépouilles annuelles enrichissaient incessamment le sol qui la supportait, ensuite en raison des semis abondants qui résultaient des riches récoltes de glands et de faînes que produisaient fréquemment les arbres qui la formaient.

Cette explication donnée, il est facile de comprendre pourquoi les auteurs de l'ordonnance de 1669, en affectant certains massifs plus spécialement à l'éducation de la futaie, régime qui comporte une très-longue durée, avaient cherché pour leur assiette les meilleurs sols, afin de les faire parvenir plus sûrement à ce but essentiel.

L'importance attachée par beaucoup d'esprits à cette qualité supérieure des sols, que l'ordonnance exige pour l'éducation de la futaie, se réduit singulièrement lorsqu'elle n'a en réalité pour but que de donner à cette futaie une durée plus longue que celle attribuée à la futaie qui surmontait les taillis constitués ainsi que je viens de le décrire.

Il est enfin à remarquer que les garanties de bonne végétation que nos ancêtres avaient assurées aux forêts par le nombre illimité des réserves sur leurs taillis, par le couvert

---

dition plus utile, attendu qu'ils couvraient plus facilement et mieux les frais de l'exploitation, attendu qu'ils donnaient satisfaction plus complète aux besoins ordinaires des populations existantes.

salutaire de ces réserves, par le bénéfice de leurs dépouilles, n'avaient pu leur faire apercevoir les défectuosités même de ce traitement : aussi n'avaient-ils pas à prévoir les dangers que ce traitement, modifié par la réduction dans le nombre des réserves maintenues sur pied après chaque exploitation, pourrait produire par la suite.

Les excellents résultats des sages et intelligentes dispositions de l'ordonnance de 1669, en ce qui concerne le traitement des taillis, ne semblent plus aujourd'hui contestés. Les agents forestiers encore en fonctions dans l'administration et qui comptent aujourd'hui plus de trente ans de services ont été à même d'en apprécier tout le bienfait; ils peuvent se rappeler, comme j'ai eu maintes fois l'occasion de le faire, les restes si remarquables de ces nombreuses et belles futaies qui existaient autrefois sur les taillis et qu'ils ont livrées successivement à l'exploitation dans l'exécution des récentes révolutions de taillis.

Ils ont dû se demander comment ces vieilles réserves avaient été élevées, comment il se faisait que les arbres anciens et modernes qui auraient dû les remplacer manquaient généralement, ou présentaient des sujets moins élevés, défectueux et peu propres à leur destination, c'est-à-dire à parcourir une longue et utile carrière.

C'est que déjà l'effet funeste des modifications radicales apportées au traitement des taillis se faisait sentir dès les premières révolutions de ce nouveau système.

En effet, après les graves événements politiques survenus en 1789, l'ordonnance de 1669 était restée en vigueur ; mais sa juridiction spéciale, son personnel, ses traditions avaient subi les modifications que les nouveaux principes, la nouvelle législation, la suppression des parlements et des anciens tribunaux avaient nécessitées.

Mais, indépendamment de ces changements radicaux, des besoins considérables de bois avaient surgi dans l'intérêt de la défense du pays menacé : il avait fallu y satisfaire promptement ; et voilà comment les nouveaux agents forestiers créés en vertu de la loi de 1791 s'étaient trouvés dans l'obligation de sacrifier, dans les exploitations qui ont suivi cette époque mémorable, la majeure partie des réserves accumulées par les sages prévisions de l'ordonnance de 1669.

C'est ce sacrifice qui a complétement changé les conditions du traitement prescrit par cette ordonnance, parce que la réduction dans le nombre des réserves, dans le couvert utile que ces réserves assuraient au sol, a donné une extension inusitée aux peuplements inférieurs livrés à la hache aux époques déterminées par les révolutions de taillis.

Ne pouvant prévoïr toutes les conséquences d'une telle modification, les agents qui l'exécutèrent espéraient sans doute trouver dans le développement des taillis une compensation suffisante au déficit de ressources matérielles que la suppression de réserves nombreuses devait présenter dans les coupes futures.

On pouvait croire, en effet, que le taillis, dégagé du couvert oppresseur des réserves, produirait en bois de chauffage un volume matériel plus considérable et équivalent à la valeur première des arbres supprimés.

Mais les choses ne se sont pas évidemment passées comme on l'avait espéré.

Dans les terrains frais, profonds, substantiels et de bonne qualité, les peuplements formés de nombreux semis naturels, essences Chêne, Hêtre et Charme, ont pu prendre un très-beau développement pendant une première révolution de coupes; mais, arrêtés tout à coup dans leur active croissance, lors du renouvellement de cette révolution, ils ont subi, à l'âge de 18, 20, 25 et 30 ans, une exploitation à blanc étoc qui a commencé le désastre.

Nécessairement, avec cette large exploitation, s'est développée rapidement la multiplication des bois tendres, morts-bois et bois blancs, à graines si abondantes et si fréquentes, dont la croissance, très-active, a gêné ou étouffé dans leur végétation plus lente les recrus d'essences dures.

Une lutte véritable s'est alors établie entre ces espèces si différentes, et peu à peu, de révolutions en révolutions, c'est-à-dire d'exploitations en exploitations, les bois blancs et morts-bois, plus actifs, plus nombreux, ont pris successivement la place des essences Chêne, Hêtre, Charme, dont les rares réserves ne suffisaient plus pour maintenir le couvert ou créer les jeunes plants essences dures qui n'avaient jamais fait défaut dans le traitement en taillis pratiqué dans les conditions de l'ordonnance de 1669.

En même temps le sol, privé du couvert protecteur des réserves, mis à nu après chaque exploitation, se gazonnait de toutes parts, s'appauvrissait lentement, mais sûrement.

Que l'on parcoure aujourd'hui les taillis placés dans ces sols réputés autrefois excellents, outre les nombreuses places vides et les clairières qui s'y rencontrent, on reconnaîtra que les morts-bois et les bois blancs forment le peuplement principal, que les essences Chêne, Hêtre, Charme y sont rares, et presque toujours en minorité.

La preuve de cette infériorité, et surtout de la rareté de plus en plus flagrante de l'essence Chêne, se trouve dans les résultats des balivages et martelages effectués chaque année dans les coupes arrivant en tour d'exploitation.

Dans ces opérations, le nombre des modernes propres à être conservés comme anciens est insuffisant, celui des baliveaux des exploitations précédentes fait également défaut, la majeure partie n'existe plus, les vents en ont fait justice, et ceux encore debout ont tellement souffert de l'isolement, que la plupart ne se trouvent plus en état de végéter utilement pendant une nouvelle révolution. Enfin, il faut le dire, les brins de l'âge du taillis, Chêne, Hêtre, Charme, manquent, ou se trouvent en si petit nombre, que le résultat du martelage est presque toujours inférieur à celui exigé par les règlements (50 baliveaux par hectare, art. 70 de l'ordonnance réglementaire du Code forestier).

Cette situation s'aggrave à chaque révolution de coupes. Bientôt l'appauvrissement du sol sera si complet, qu'il ne sera même plus aussi propre à la reproduction des bois blancs.

Si les bons terrains ont subi, par l'application du traitement en taillis ainsi pratiqué, une altération aussi sérieuse, que dire de la condition actuelle des terrains ordinaires et de ceux où l'élément principal est siliceux ?

Dans ces derniers, la qualité végétative, qui s'était surtout maintenue par le couvert des réserves, par la fraîcheur et l'humidité qui résultaient naturellement de ce couvert, s'est bien plus facilement détruite avec la suppression des réserves.

La couche d'humus s'est insensiblement amoindrie, et l'aridité s'est alors facilement emparée de ces terrains qui ne supporteront désormais que la végétation des morts-bois et des Bruyères.

La tâche, si difficile, de la formation des réserves sur les terrains de bonne qualité devient encore plus ingrate à remplir sur les sols de qualités moyennes et siliceux.

Les anciens, les modernes, les baliveaux, Chênes et Hêtres manquent à la fois.

Les agents ne suppléent à cette insuffisance qu'en réservant des Trembles ou des Bouleaux; mais ces réserves, peu utiles pour une satisfaisante régénération des taillis, n'ont, d'ailleurs, par leur dépouille ou par leur couvert, aucune influence sur l'amélioration ou la bonne végétation des sols.

On a souvent cherché à porter remède à cet affaiblissement de la production, à cet appauvrissement incessant du sol.

Les uns se sont appliqués, par des plantations, par des semis faits à grands frais, à regarnir les places vides et les clairières; mais ces améliorations utiles, lorsqu'elles ont réussi, n'ont été que passagères, parce qu'à chaque révolution les mêmes causes produisaient les mêmes effets.

D'autres, pour donner plus d'activité aux souches qui garnissaient encore les taillis, ont cru trouver un remède utile dans l'abaissement du terme des révolutions, ils ont descendu les révolutions de 30 à 25, de 25 à 20, de 20 à 18; mais ce remède n'est qu'un palliatif, il accroît encore les causes de destruction qui résident principalement dans la fréquence des exploitations, et dans la presque impossibilité de trouver et de créer des réserves porte-graines avec de si courtes échéances d'exploitations.

Ce remède aura toujours pour effet de faire passer plus rapidement les superficies de l'état clairiéré à l'état complet de vide.

Messieurs, cette appréciation sincère de la consistance presque générale des taillis vous paraîtra peut-être bien sévère, exagérée même; comme je suis convaincu qu'elle est généralement exacte, il ne m'a pas été possible d'en atténuer l'expression.

Sans doute, il peut se rencontrer encore des exceptions heureuses, il peut encore exister quelques taillis placés dans des conditions de situation ou de terrain qui en maintiennent la bonne végétation; mais j'affirmerai que sur l'ensemble des forêts ainsi traitées on rencontrera partout les traces visibles de destruction et d'appauvrissement que ce mode de traitement applique fatalement aux peuplements et aux sols qui le subissent.

Il m'est facile de citer bien des exemples de destruction des peuplements et d'appauvrissement des sols à l'appui de ma démonstration.

J'indiquerai, en premier lieu, les conditions actuelles de peuplements et de sols des forêts d'Halatte, d'Ermenonville, de Malmifait, de Froidmont, d'Ourscamp et de Carlepont, de Jouy, de Carnelle et de l'Ile-Adam, appartenant à l'État;

En deuxième lieu, l'état actuel des forêts de Laigne, de Fontainebleau, de Saint-Germain et une partie de Compiègne, appartenant à la couronne.

Hors de la conservation, je pourrais citer bien des noms,

je me bornerai à signaler seulement l'état regrettable dans lequel se trouve la vaste et si importante forêt d'Orléans.

Sans entrer dans le détail du mal causé par le régime du taillis aux forêts de la première conservation que je viens d'indiquer, ce qui serait la répétition de la situation générale que j'ai précédemment décrite, je dirai simplement que les bois blancs et morts-bois, les vides et clairières ont pris la place des anciens peuplements Chêne et Hêtre, et qu'il me serait facile de montrer dans la forêt d'Halatte près de 400 hectares de vides qui ont succédé, après une seule exploitation, à de remarquables perchis de Hêtres mis en coupe il y a huit à dix ans environ.

Dans la même forêt, sur les terrains encore garnis de bois blancs, les agents ne trouvent plus les baliveaux et les modernes nécessaires à la régénération en bonnes essences des peuplements, et, lors même qu'ils parviennent à en trouver exceptionnellement, l'isolement ou les vents en font périr ou en détruisent la majeure partie.

Cet état de choses se présente dans chaque forêt avec plus ou moins d'intensité, et dans les massifs les plus pleins encore on remarque très-visiblement l'affaiblissement très-sensible de l'essence Chêne et l'envahissement trop général des bois blancs.

Les forêts de Laigne et de Fontainebleau sont dans un état de consistance tout aussi regrettable, ainsi que bon nombre des parties traitées en taillis dans la forêt de Compiègne. Dans ces forêts, on ne saurait accuser le sol, puisque ces mêmes forêts produisaient autrefois, dans leur ensemble, des futaies que l'on signalait alors comme très-belles et très-riches; des documents authentiques le constatent.

Quant à la forêt d'Orléans, son état de ruine est un fait de notoriété publique.

L'habile conservateur qui administrait récemment cette importante forêt, M. Trumeau, s'expliquait énergiquement sur les causes de cette ruine, que ses louables efforts ont eu tant de peine à arrêter.

C'est, me disait-il lui-même, le traitement en taillis qui en est la cause principale. Les cépées ou souches ne se renouvellent plus par les semis. A chaque exploitation il en disparaît un certain nombre, jusqu'à ce qu'elles disparaissent entièrement.

En outre, les peuplements atteignent difficilement les termes des révolutions. Il faudrait abaisser ceux de 25 à 20, ceux de 20 à 18 ou 15. Mais ce remède n'arrête point le mal. Il faudrait plus tard diminuer encore la durée de ces révolutions, mais où l'arrêtera-t-on, si ce n'est à la ruine complète?

Et pourtant, si l'on exécute des fossés dans ces massifs ruinés, on y trouve très-souvent des souches énormes d'arbres que le temps n'a pas encore fait disparaître, et qui attestent aux yeux des plus incrédules que ce sol, que l'on croit impuissant à produire et qui paraît supporter aujourd'hui avec tant de difficulté les superficies qu'il renferme, avait élevé autrefois des arbres des plus grandes dimensions.

Voilà ce que dit hautement M. Trumeau, et, comme preuve de son opinion intelligente et consciencieuse, il fait laisser sur place les souches déterrées, ainsi produites au grand jour, comme des témoins irrécusables.

L'influence funeste du régime du taillis sur les sols, qu'ils soient profonds ou substantiels, qu'ils soient légers ou pourvus d'une couche peu épaisse, facile à se dessécher, ne me paraît pas contestable.

Si cette influence est moins apparente et plus lente sur les terrains de bonne qualité, elle n'en est pas moins puissante, puisque les peuplements qui les garnissent passent insensiblement des essences d'élite, Chêne, Hêtre, Charme, etc., aux essences de bois blancs, morts-bois, épines et ronces.

Il est possible, sans doute, d'atténuer, sur les bons sols, les effets de cette fâcheuse dégénérescence, due essentiellement au régime du taillis.

Ainsi, avec une culture attentive, intelligente, on pourra,

par des plantations faites après chaque exploitation, par des nettoiements ou des éclaircies pratiquées avec précaution aux époques utiles de la révolution, combattre avec succès le développement envahissant des bois blancs et assurer une meilleure végétation aux essences de bois dur.

Mais le succès des plantations dans les taillis n'est pas toujours obtenu ; il dépend de tant de causes, qu'il est difficile aux agents, même les plus expérimentés, de le garantir annuellement.

S'il y a réussite dans cette amélioration, on pourra s'en applaudir, mais si le résultat est négatif, comme cela arrivera très-souvent, l'influence du traitement en taillis n'en aura pas moins produit ses effets désastreux.

Les frais que coûteront ces plantations ne seraient pas à regretter s'il ne fallait pas les renouveler à chaque révolution de coupes.

Quant à l'effet qu'on peut attendre des nettoiements et des éclaircies, il sera toujours des plus utiles si ces opérations sont appliquées à toutes les forêts susceptibles de les recevoir, et si elles sont habilement exécutées.

En résumé, en admettant même le bon effet des plantations, des nettoiements, des éclaircies dans les taillis plantés sur d'excellents sols, je persiste pourtant à croire que ces remèdes ne seront pas assez puissants pour parer à toutes les causes et à tous les principes de détérioration que le traitement en taillis produit avec ses exploitations si souvent répétées.

Ces causes de destruction sont inhérentes à la nature même du traitement, à ses conditions, à la fréquence des exploitations qu'il impose, et ce serait, j'en suis convaincu, commettre une grave erreur que de chercher les motifs de cette détérioration incessante en dehors de ce traitement, et de les attribuer notamment soit à la profondeur plus ou moins grande, soit à la qualité même du sol.

Le sol exerce sur les végétaux qu'il produit beaucoup moins d'action qu'on ne le pense communément.

En silviculture comme en agriculture, c'est le mode de culture qui a une action véritable et directe sur sa production.

Si cette assertion n'était pas fondée, si le mode de culture n'exerçait pas une action réelle et décisive sur la production, comment expliquerait-on les faits suivants?

La forêt de Fontainebleau est assise sur des sols minéralogiquement identiques, à un centième près (car les meilleurs contiennent 97 centièmes de silice et 3 centièmes d'humus, les plus mauvais 98 centièmes de silice et 2 centièmes d'humus).

Eh bien, dans l'étendue de cette forêt on trouve encore aujourd'hui de très-belles futaies, notamment la Tillaie, les Ventes-à-la-Reine, le Bas-Bréau, etc., mais on y rencontre en même temps beaucoup d'autres parties entièrement ruinées, notamment les Ventes-Nicolas, la Plaine-de-Clairbois, etc.

Les premiers cantons, qui sont en excellent état, ont été traités en futaie, les autres ont été soumis au régime du taillis, après avoir été exploités utilement en futaie, ainsi que le constatent de nombreux documents encore aujourd'hui existants.

Pourquoi cette prospérité, cette richesse dans les futaies et cette ruine et cette pauvreté dans les taillis après une excellente production avec le traitement de la futaie?

La forêt de Laigue, traitée, en 1650, en futaie pleine, et qui renfermait à cette époque, suivant des documents authentiques du temps, un massif de 4,000 hectares plantés des plus riches futaies de Chêne et de Hêtre, ne présente plus aujourd'hui que des peuplements dégénérés, incomplets ou ruinés depuis que le traitement en taillis a été substitué au traitement en futaie.

La forêt d'Halatte présente également des étendues assez vastes aujourd'hui en clairières ou vides, mais, autrefois, en beaux perchis de Chêne et de Hêtre.

Le traitement en taillis a été appliqué à ces étendues,

voyez maintenant ce qui reste de ces peuplements; voyez même dans quel état se trouvent réellement les parties qui paraissent encore satisfaisantes.

Ce ne sont plus déjà que des tilleuls, ou quelques autres bois blancs, qui forment l'élément principal de sa production, en attendant qu'avec la fréquence des exploitations le sol s'appauvrisse tout à fait et se dégarnisse complétement.

La forêt de Hez, située près de Clermont, dans le département de l'Oise, comprend un massif de près de 3,000 hectares.

Ce massif, qui provient, je crois, de la même origine, est divisé en deux propriétés distinctes, mais presque entièrement enclavées l'une dans l'autre avec un morcellement qui se répète souvent dans chaque canton; 1,600 hectares environ appartiennent à l'État, le surplus est la propriété des successeurs du duc d'Aumale.

Les parties domaniales sont généralement traitées en futaie; elles présentent, sur toute leur étendue, les plus remarquables peuplements, depuis 10 jusqu'à 150 ans.

Les parties aux successeurs du duc d'Aumale sont soumises au régime des taillis composés; elles sont, sauf quelques exceptions, dans le plus regrettable état de végétation et de production.

Il est à remarquer que ces deux propriétés ne sont souvent séparées l'une de l'autre que par des fossés, des sentiers ou des routes de chasse.

Pourquoi richesse de production dans la forêt de l'État et production inférieure, incomplète, ou ruine même, dans la forêt du prince ou de ses successeurs?

La base minéralogique est pourtant la même sur les deux propriétés. Le sol est très-peu profond : ses couches ont à peine 25 ou 35 centimètres d'épaisseur. Eh bien, la propriété domaniale produit des futaies végétant admirablement, même au delà de 200 ans, tandis que la propriété du prince ne renferme le plus généralement que des taillis incomplets ou vides!

N'est-ce pas ici le traitement, n'est-ce pas le mode de culture qui produit cette richesse ou cette pauvreté?

L'action du mode de culture sur la production du sol est évidente dans tous ces exemples, et il ne me paraît pas possible d'en nier l'existence et les effets.

Cette action si puissante du mode de culture pourrait être, j'ai lieu de le croire, aussi facilement établie sur d'autres forêts.

La forêt d'Orléans et bien d'autres viendraient certainement en démontrer toute la valeur et toute l'importance.

Si l'on pouvait douter de l'influence du mode de culture forestière sur les sols, un examen approfondi de la question pourrait être confié à une commission d'agents forestiers distingués, mais comment avoir des doutes après un exposé sincère de faits si probants, si concluants, qui résultent de l'état actuel de forêts situées dans divers arrondissements ou départements, dans des localités éloignées les unes des autres et ayant déjà subi, comme celles de Laigue, de Fontainebleau, de Hez et d'Halatte, les deux natures de traitement, futaie et taillis, avec des résultats si différents, si contraires?

Cette action du mode de culture sur la production est donc un fait constant qui doit être réputé vrai comme un axiome.

Si le mode de culture ou de traitement a cet effet puissant sur la production d'un sol forestier, il faut nécessairement en déduire les conséquences.

Ces conséquences se résument :

En ce que le traitement des forêts en futaie est le mode de culture le plus approprié aux principes naturels du sol, de la production et du développement des végétaux ligneux;

En ce que les végétaux ligneux doivent principalement se reproduire par la semence et non par les rejets;

En ce qu'un végétal ligneux, mutilé, incomplet, ne peut jamais se développer aussi largement que celui qui a conservé tous les organes nécessaires à la marche régulière et à l'activité de la séve, source naturelle d'accroissement en hauteur et en grosseur.

En ce que le couvert prolongé des arbres sur le sol est un principe indispensable de fécondité pour ce sol parce qu'il y maintient une fraîcheur et une humidité constantes, parce qu'il y répand annuellement de vastes couches de feuilles qui l'amendent et l'enrichissent, en y introduisant des engrais utiles.

Donc point de production ligneuse *complète* avec un mode de culture autre que celui de la futaie.

Donc point de végétation féconde sans la fraîcheur humide, sans la décomposition active d'abondantes feuilles puisant leur effet dans les arbres et leur couvert.

Donc enfin la nature ne donne et ne produit qu'autant qu'elle reçoit également.

Elle cesse de produire aussitôt qu'elle ne peut remplacer en même temps les gaz et les sucs qu'elle livre avec tant de libéralité aux végétaux qu'elle crée dans sa toute-puissance.

Il faut qu'il y ait un juste équilibre entre ces deux conditions, *donner* et *recevoir*.

Tout traitement forestier qui ne tend pas à maintenir cet équilibre indispensable est défectueux, mauvais, et doit être rejeté.

C'est parce que, dans l'application du traitement en taillis, la nature donne plus qu'elle ne reçoit, que ce mode de culture est mauvais et destructeur.

C'est aussi parce que les taillis exécutés dans les conditions de l'ordonnance de 1669 conservaient avec les réserves nombreuses un couvert puissant et prolongé, une humidité constante, une dépouille abondante de feuilles, qu'ils n'ont pas présenté dans leur exécution les effets désastreux inhérents à ce mode de traitement.

Cette différence, si essentielle entre les résultats des taillis soumis aux dispositions de l'ordonnance de 1669 et ceux des taillis exploités suivant les conditions actuelles basées survant les exigences du temps où nous vivons, vient à l'appui de ma démonstration et la complète.

Cette démonstration m'amène naturellement à conclure, dans cette question des sols,

1° Que, quelle que soit la qualité ou la nature d'un sol forestier, il supportera plus utilement pour la production ligneuse le traitement en futaie que celui du taillis;

2° Que les sols de première qualité pourront supporter avec moins d'inconvénients ou de danger le traitement en taillis, mais à la condition que les révolutions seront longues et peu fréquentes, qu'une culture attentive combattra énergiquement, soit par des plantations effectuées après chaque exploitation, soit par des nettoiements ou des éclaircies exécutées aux époques utiles de la révolution, les effets de la dégénérescence et de l'appauvrissement inhérents à ce mode de traitement;

3° Qu'enfin l'application du régime de la futaie à ces sols excellents présentera, pour la satisfaction des besoins généraux du pays, une importance matérielle, une qualité de produits bien supérieure au volume et à la nature de ceux réalisés avec le traitement en taillis.

Si ces conclusions sont reconnues rigoureuses et incontestables, s'il est vrai qu'un sol, quelle que soit sa nature ou sa qualité, supporte le traitement en futaie plus facilement, plus utilement que le régime du taillis, il ne semble plus nécessaire d'examiner si cette nature et cette qualité permettent d'espérer qu'une conversion de taillis en futaie produira de bons résultats.

Les bons résultats découleront naturellement de cette aptitude même des sols pour la futaie; ils seront certainement et toujours obtenus, si les moyens employés dans la conversion ont pour base également une sage théorie et une habile pratique.

Résumant toutes ces observations et ces démonstrations, je dirai ouvertement que, dans mon opinion bien arrêtée aujourd'hui, tous les sols forestiers sans exception peuvent mieux supporter la futaie que le taillis, que la conversion dans les sols soumis à ce dernier traitement ne peut présenter que de bons et fructueux résultats.

Sans doute, l'examen et l'étude des éléments qui composent les sols sont indispensables pour l'appréciation des moyens à employer dans l'exécution de la conversion ; mais cet examen et cette étude, le principe de l'aptitude générale des sols à la création de la futaie admis, ne forment plus qu'une question secondaire et d'exécution.

La crainte que j'ai de voir attacher trop d'importance à cette partie secondaire dans la question des sols m'a porté aux développements que j'ai donnés pour justifier mon opinion de l'aptitude générale des sols à la futaie.

Si dans la conversion on attache trop d'importance *aux conditions actuelles des sols*, si l'on en restreint le bénéfice, dans le cercle, trop peu étendu, des terrains riches et productifs, on obtiendra, je le reconnais, des résultats satisfaisants, mais on n'aura pas porté remède au mal plus sérieux existant; on laissera alors sans fécondité une partie considérable de nos sols qui ne sont plus en valeur et dont la production va sans cesse en s'affaiblissant.

Pour moi, je crois que c'est à cet état précaire qu'il faut d'abord porter une main secourable, parce que les bons sols, quelle que soit la nature de leurs peuplements, ne se trouvant pas dans une condition aussi flagrante d'infériorité, il sera presque toujours temps d'en modifier le traitement.

Attendre pour les sols médiocres ou devenus tels par l'appauvrissement, c'est évidemment rendre le mal plus intense et la transformation plus lente et plus difficile.

Il ne faut pas se dissimuler que les exploitations défectueuses du traitement en taillis ont bien souvent affecté, plus en apparence qu'en réalité, la qualité végétative des sols, de sorte que, si l'on s'attache plus à cette apparence qu'à la réalité même, on se trouvera exposé, dans l'exécution de la conversion, à des erreurs graves, funestes à la prospérité de nos forêts et à leur prompte mise en valeur.

J'arrive à la dernière proposition qui concerne les peuplements susceptibles de subir la transformation du taillis en futaie.

TROISIÈMEMENT.

Peuplements qui peuvent être utilement soumis à la conversion en futaie.

J'aborde maintenant la question des peuplements qui conviennent à une satisfaisante conversion.

Mais d'abord expliquons-nous clairement sur ce que l'on entend faire par une opération de conversion d'un taillis sous futaie en futaie et sur le véritable but que l'on se propose d'atteindre dans cette opération.

Il ne s'agit pas, comme quelques esprits se l'imaginent peut-être, de faire, avec les peuplements aujourd'hui existants, une futaie.

Cette création serait effectivement presque irréalisable avec les essences qui composent actuellement les peuplements ordinaires des forêts à convertir.

Une forêt soumise, depuis longues années, à un traitement en taillis que l'on voudrait convertir renferme le plus ordinairement des peuplements mélangés de plus ou moins d'essences diverses, Chêne, Hêtre, Charme, bois blancs, morts-bois, provenant, pour la plupart, de rejets de souches avec lesquels il serait impossible de créer une futaie.

On ne pourrait, en effet, maintenir sur pied, pendant cent et cent vingt ans, des bois blancs et même des Chênes et Charmes provenant de rejets de souches déjà anciennes, et dès lors hors d'état d'atteindre le terme qui aurait été déterminé pour leur régénération.

Il ne s'agit donc pas de faire une futaie avec les peuplements actuels, mais seulement de se servir de ces peuplements pour obtenir ou faciliter une régénération, soit naturelle, soit artificielle, qui peut seule créer un nouveau peuplement destiné alors à croître et à former un jour la futaie.

Voilà ce qu'on doit se proposer dans une conversion de taillis en futaie, voilà le but que l'on veut atteindre.

L'œuvre à opérer ainsi bien comprise, l'état des peuplements, plus ou moins satisfaisant, n'est plus alors qu'une question secondaire, qui peut avoir son importance pour la facilité de son exécution, mais qui ne peut présenter et ne présente, en effet, aucun obstacle sérieux dans l'exécution de la conversion projetée, dès que les moyens suffiront pour réaliser le but qui est la création de peuplements nouveaux susceptibles d'être traités en futaie et de parcourir ensuite avec succès l'étendue de la révolution fixée soit à cent vingt, soit à cent quarante ans.

Si donc les moyens proposés pour assurer la formation de ces peuplements sont clairement établis, sagement combinés et, en outre, justifiés par l'expérience des faits, pourquoi se préoccuperait-on de l'état, plus ou moins satisfaisant, des peuplements existants actuellement dans la forêt à convertir?

N'est-ce donc pas, dans la plupart des cas, en raison des défectuosités des taillis, c'est-à-dire en raison de l'influence funeste de ce régime sur les peuplements, que naît la pensée prévoyante de la conversion, et, dans le cas le plus général, n'est-il pas ordinaire de trouver les peuplements des taillis dans une condition anormale de végétation et d'insuffisance de production?

Faudrait-il renoncer à cette pensée si utile pour l'amélioration et pour l'avenir de nos forêts en voyant cet état de souffrance et d'insuffisance?

Évidemment, on doit, dans le plus court délai possible, chercher à arrêter le mal avant qu'il ne soit pire, et remplacer ce qui existe par un état de choses qui assure mieux la perpétuité et l'amélioration générale de nos forêts.

A mon avis, la nécessité d'une conversion de taillis en futaie est plus impérieuse dans les sols appauvris, dans les peuplements incomplets, clairiérés, que dans les sols riches, où les massifs ne sont pas encore atteints par les influences funestes du traitement à courte échéance et à blanc étoc.

Quand je soutiens que le bon état des peuplements est une question secondaire d'exécution, je crois que je suis dans les vrais et sûrs principes qui doivent servir de règle et de base à toutes les opérations de conversion qu'il importe, avant toutes autres, de livrer à une prompte et active exécution.

Sans doute, avec des peuplements satisfaisants, la régénération naturelle qu'on se propose est plus facile à obtenir, mais on n'aura pas dans cette œuvre, comme dans celle appliquée sur des sols appauvris, sur des superficies incomplètes ou ruinées, à chercher et à trouver le moyen d'atteindre le but si désirable, si éminemment utile, de rendre la fertilité à ces sols, et de changer complétement la production générale actuellement dans un état d'infériorité si regrettable.

Il y a réellement dans une conversion une cause à chercher et un effet à obtenir.

La cause, c'est la conservation et l'amélioration de la qualité végétative des sols.

L'effet, c'est la production assurée toutes les fois que la cause aura été trouvée par la conservation et l'amélioration satisfaisante des sols.

Les conditions essentielles qui assurent la conservation et l'amélioration de la qualité végétative des sols consistent, ainsi que je l'ai déjà établi précédemment, dans le couvert puissant que forme toujours sur le sol le traitement en futaie.

En employant ce mode de traitement, on est toujours certain de créer la cause principale de la fécondité végétative et d'obtenir l'effet qui est une meilleure production.

Les conditions d'une bonne végétation ne résident-elles pas dans la fraîcheur et l'humidité?

Cette fraîcheur et cette humidité ne résultent-elles pas du couvert prolongé des peuplements mis en conversion?

Si la réponse à ces deux questions est affirmative, comme elle doit l'être en effet, on peut donc, avec la prolongation d'existence des peuplements, avec le couvert que cette prolongation assure au sol, soutenir avec raison que dans ces seuls faits, dans ces deux conditions essentielles se trouve résolu le problème d'une bonne et satisfaisante végétation.

D'où la conclusion rigoureuse que le succès d'une conversion sera toujours assuré dès que le sol se trouvera couvert.

Ce qui reste à faire n'est plus qu'une conséquence à tirer de l'état où se trouvent les peuplements.

S'ils sont clairiérés, s'ils renferment des vides, il faut promptement combler les lacunes avec des semis ou des plantations diverses, et surtout de résineux qui réussissent admirablement dans les sols maigres, siliceux, et qui ne sont, en définitive, que des essences de transition.

Le bon effet de ce regarni ne se fera pas attendre; une fois le terrain couvert, il s'opérera immédiatement une transformation ; le peuplement languissant, qui semblait arrivé à sa maturité, reprendra peu à peu son ancienne vigueur. Bientôt même, il s'établira entre les résineux et le peuplement ancien une lutte toute favorable à l'amélioration du sol et de sa production.

Cet effet si heureux a été constaté dans bien des forêts, mais jamais aussi clairement que dans les taillis dégradés de la forêt de Fontainebleau, où M. Marrier de Boisdhyver, agent distingué et intelligent, a eu l'idée excellente de compléter les vides nombreux qui existaient dans les peuplements des taillis de cette forêt par des semis ou des plantations de Pins silvestres. J'ai parcouru, avec la commission chargée de l'aménagement de la forêt de Fontainebleau, de vastes contenances ainsi traitées, et nous avons été émerveillés de l'admirable résultat obtenu.

Lorsque les peuplements sont par trop incomplets, il est préférable de les raser entièrement et de les remplacer uniquement par des Pins silvestres, semis ou plantations, sauf à profiter plus tard du couvert de cette essence pour ramener les bois feuillus à l'aide de semis artificiels, Hêtre, Chêne et Charme, essences que le sol avait pu produire spontanément avant son appauvrissement.

Si les peuplements se trouvent, au contraire, suffisamment pleins, c'est-à-dire complets, mais mélangés de bois blancs, etc., on pourra, par des nettoiements opérés dans les très-jeunes coupes, supprimer d'abord certaines essences dont la longévité est insuffisante ; on aura soin en même temps, si ce nettoiement a causé quelques vides, de les combler à l'aide de plantations, Hêtres, Chênes, etc.

Ensuite, dès que ces premiers travaux seront exécutés, dès que les jeunes bois seront à l'état de gaulis, on y commencera alors de légères éclaircies, ou de nouveaux nettoiements destinés soit à enlever les rejets ou brins surabondants ou traînants, soit à extraire le surplus des bois blancs qui gêneraient encore la croissance des bois durs.

Par ces opérations, exécutées avec tout le soin possible et toute l'intelligence désirable, on arrivera nécessairement à donner un meilleur développement au peuplement, et le maintien prolongé sur pied résultant de la suppression des coupes aidant, on obtiendra certainement un massif suffisant pour en tirer une régénération soit naturelle, soit artificielle dans le cas où le Chêne et le Hêtre seraient en minorité, sur un sol déjà grandement amélioré par la seule condition du couvert prolongé.

Tels sont les moyens ordinairement employés pour couvrir et améliorer un sol et le disposer à une régénération qui doit créer, en fin de compte, les nouveaux peuplements destinés à croître en futaie.

Si, à l'aide de ces moyens ou d'autres fondés sur l'expérience des lieux, on peut arriver à ce résultat, c'est donc avec raison que j'ai affirmé que l'état prospère des peuplements n'était pas indispensable ou nécessaire pour justifier une opération de conversion.

Dès que l'état prospère des peuplements n'est pas une condition essentielle pour la réussite de l'opération, n'est-il pas naturel que la transformation s'applique de préférence aux peuplements qu'il importe de sortir, dans le plus court délai possible, de l'état d'infériorité ou de dégradation où ils se trouvent, par suite des vices du traitement antérieur qu'ils ont subi fatalement?

Mettre ses forêts en rapport est certainement le premier devoir d'un agent forestier distingué, comme le premier besoin d'un propriétaire intelligent et prévoyant.

Dans ce but on recherchera soigneusement les causes de ruine ou d'insuffisance qui affectent les forêts, on étudiera avec maturité les moyens de porter remède à cette condition regrettable, et on sera conduit fatalement à la nécessité de modifier les règlements d'exploitation antérieurs qui avaient produit de pareils résultats.

Et, comme il est constant que les peuplements incomplets ou dégradés se rencontrent le plus souvent dans les forêts soumises au régime des taillis, on se trouvera naturellement porté, par la force des choses même, à entreprendre l'œuvre de la conversion, qui peut seule rendre à un sol appauvri la qualité végétative qu'il avait perdue sous l'application du régime du taillis, de ce régime contraire aux règles tracées par la nature dans sa puissance si active de reproduction.

Si l'on arrive à ce but désirable, et l'on y parviendra certainement, n'aura-t-on pas alors obtenu un résultat d'autant plus remarquable qu'on sera parvenu, avec une amélioration radicale dans les peuplements, à satisfaire plus largement aux besoins de la consommation générale et à augmenter les revenus forestiers dans une proportion utile aux intérêts particuliers des propriétaires?

J'ai cherché à démontrer que l'état des peuplements devait surtout être pris en considération dans l'œuvre de conversion afin que l'on ne s'attachât pas seulement aux bons dont la transformation est facile et toujours assurée. J'ai seulement voulu prouver que cet état d'appauvrissement ou de dégradation n'était pas un obstacle à la réussite de l'opération.

Je n'entends pas, par ces explications, arrêter l'entreprise sur des peuplements prospères et complets, mais je la trouve évidemment d'une nécessité moins urgente. Il sera toujours temps, en effet, d'y procéder avec fruit; mais, à mes yeux, tout retard dans l'exécution des améliorations essentielles que comportent les forêts en mauvais état de production se résout toujours en une perte incessante de revenus, perte qui ne peut que s'accroître avec les ajournements et le temps qui, en s'écoulant, aggrave encore les difficultés de la régénération.

QUATRIÈMEMENT.

Conditions à observer pour obtenir une satisfaisante et fructueuse conversion.

L'impulsion ayant été donnée par le chef de l'administration à l'œuvre de la conversion des taillis sous futaie en futaie, il faut maintenant qu'elle soit exécutée dans les meilleures conditions possibles, c'est-à-dire dans celles recommandées avec une si haute raison par l'instruction de **1861**.

Quelles sont donc les conditions à observer pour qu'une opération de conversion soit bonne et satisfasse à tous les intérêts qu'elle doit embrasser et sauvegarder?

Pour faire connaître les conditions à observer, il m'est nécessaire de vous donner, Messieurs, quelques explications sur l'exécution d'une opération de cette nature.

Dans une opération de conversion, il faut prévoir les difficultés et les obstacles naturels de l'exécution, combiner les systèmes d'exploitations les plus habiles, créer les améliorations qui doivent suppléer aux peuplements défectueux ou impropres à cette opération; il faut encore que ses effets immédiats ne portent aucune atteinte essentielle dans le présent à l'intérêt de l'État, intérêt qui gît principalement, en vue des besoins incessants du trésor, dans le maintien et la perpétuité de son revenu forestier.

Cet intérêt peut se trouver évidemment lésé, si l'effet immédiat d'une conversion abaisse pendant un certain laps de temps, quelque court qu'il soit, les revenus ordinaires que produisait une forêt soumise antérieurement au régime des taillis sous futaie.

Or une opération de conversion de taillis sous futaie en futaie semble, dans le sens le plus simple qu'on puisse lui donner, consister purement en la suppression de toute exploitation analogue à celles exécutées jusque-là dans cette forêt.

Si telle est la signification à donner à l'opération de la conversion, à cette réforme d'un traitement reconnu défectueux en raison de la nature des sols et des essences de la forêt à transformer, l'opération se bornerait à supprimer les coupes de taillis et à leur substituer les exploitations suivantes :

1° Enlèvement des bois blancs surabondants ou dominant les essences de bois durs.

Cette exploitation est appelée *nettoiement.*

2° Suppression des brins d'essences dures inutiles ou traînants, dont les peuplements peuvent être dégagés sans interrompre le massif. Cette exploitation est appelée *éclaircie.*

3° Extraction des arbres qui dominent les peuplements, et arrêtent et étouffent leur développement. Cette exploitation conserve le nom d'extraction d'arbres.

Lorsque ces trois genres d'exploitation s'appliquent isolément, ils conservent chacun leurs noms spéciaux, nettoiement, éclaircie, extraction d'arbres; lorsqu'ils sont appliqués simultanément à un même peuplement, ils prennent le nom générique de coupes préparatoires à la futaie.

Les agents forestiers français (1) ont jugé nécessaire de spécifier ainsi cette dernière coupe, parce que sa nature leur donne la latitude de composer le massif qui sert à la conversion, aussi bien avec les peuplements qu'avec les réserves qui les surmontent, afin de former un ensemble plus propre à l'opération de la régénération qui est le but final de la transformation cherchée.

Il est certain qu'avec l'emploi de ces diverses natures d'exploitations on parvient, dans un espace de quarante ans par exemple, à créer, dans une forêt traitée jusque-là avec une révolution de vingt-cinq ans, des massifs de quarante à soixante-cinq ans satisfaisants, pourvu qu'on ait eu le soin, pendant les exploitations diverses qui leur ont été appliquées, de regarnir en essences dures toutes les parties faibles, ce qui est une des conditions les plus essentielles pour la réussite de l'opération.

Comme les massifs de quarante à soixante-cinq ans donnent facilement les graines nécessaires à la régénération, il semble que l'opération, arrivée à ce terme, n'a plus qu'à appliquer cette régénération à l'ensemble de la forêt en suivant les règles ordinaires de l'aménagement en futaie avec sa révolution de cent vingt ans et au delà.

Mais il est alors à observer que, si la conversion est opérée avec ces conditions si simples, eût-on appliqué, dans l'espace de ces quarante années, les nettoiements, les éclaircies, les coupes préparatoires quatre fois à l'ensemble de la contenance générale, son résultat certain sera presque toujours, pour les quarante premières années, un abaissement assez important dans la somme de production en matière et en argent que la forêt réalisait lorsqu'elle était exploitée en taillis sous futaie, c'est-à-dire lorsque l'ensemble du peu-

(1) C'est à M. Lorentz, premier directeur de l'École forestière, qu'il faut reporter cette dénomination ; c'est à cet éminent forestier que la France doit cette théorie habile de la conversion des taillis sous futaie en futaie, et tous les ingénieux procédés à employer dans cette utile transformation.

plement de chacune des coupes qu'elle renfermait était annuellement livré intégralement à la hache.

Ce mode de traitement, qui peut avoir son utilité au point de vue d'une réforme de régime défectueux, est évidemment onéreux pour l'État, qui cesse de recevoir un revenu égal à celui qu'il tirait de sa propriété avant l'exécution de cette réforme, quelle que fût son urgence ou son utilité.

Il faut le dire ouvertement, un tel mode de conversion, même avec l'emploi le plus intelligent des exploitations indiquées pendant l'espace de temps consacré à la conversion, ne livrerait, pendant les quarante premières années surtout, que des produits en matière inférieurs en qualité et en volume à ceux antérieurement réalisés avec le traitement dit taillis sous futaie.

Ce résultat serait inévitable, parce que les bois coupés dans les nettoiements, dans les éclaircies et dans les coupes préparatoires, à l'exception de ceux provenant des arbres extraits, se trouvent toujours composés de bois blancs, de brins traînants dominés ou inutiles, qui ne donnent que des produits de dernière qualité, dont le volume d'ailleurs, quelle que soit l'exécution, ne saurait équivaloir à celui résultant de peuplements entièrement exploités, sauf les réserves maintenues ordinairement sur pied en conformité des règlements.

Les conditions de ce mode de conversion ne sont donc pas bonnes et satisfaisantes, puisque leurs effets portent une atteinte sérieuse au revenu de l'État propriétaire.

Leur exécution donnerait lieu, d'ailleurs, à des difficultés d'application pour la révolution normale de futaie, dont la durée la plus ordinaire, étant de cent vingt ans, forcerait à maintenir sur pied une partie des peuplements jusqu'à cent soixante ans, âge beaucoup trop élevé pour des massifs formés en généralité avec des brins crus sur souches qui dépasseraient, avec cette prolongation de quarante années, l'âge d'exploitabilité réglé par l'aménagement adopté.

Ce n'est donc point avec l'emploi seul de pareils procédés

que doit s'exécuter une bonne et satisfaisante conversion.

A mon avis, un principe essentiel doit prévaloir dans toute opération de conversion, c'est le maintien presque absolu du chiffre des revenus à un taux sensiblement égal à celui donné par la forêt au jour où commence l'exécution de la transformation.

Ce maintien intéresse aussi sérieusement l'État et les communes qu'un propriétaire ordinaire qui ne peut vivre qu'à l'aide de son revenu.

L'État et les communes ont aussi des besoins à satisfaire, et ils ne parviendraient que difficilement à cette satisfaction, si leurs revenus forestiers venaient à manquer ou à s'affaiblir.

Mais comment arriver, dans une conversion, à ce maintien si désirable, à ce juste équilibre entre le revenu ancien du régime du taillis supprimé et le revenu nouveau du traitement de conversion ?

La solution de ce problème peut présenter, dans beaucoup de cas, de sérieuses difficultés.

Cependant, je puis l'affirmer, lorsque la contenance de la forêt à convertir est étendue, lorsqu'elle renferme un nombre assez élevé de séries dans l'aménagement ancien qui réglait ses exploitations, lorsqu'une quantité suffisante de réserves a été faite sur les coupes antérieurement exécutées, elle est beaucoup plus facile à trouver qu'on ne le pense communément.

Effectivement, lorsque ces données diverses existent, voici comment cette solution du maintien du revenu peut être obtenue.

Il faut d'abord limiter l'importance de la conversion à une portion seulement de la contenance générale, et ensuite continuer le traitement ancien, taillis sous futaie, sur le surplus de cette contenance.

Le plus ordinairement, la contenance de la portion à convertir en premier lieu est arrêtée à un nombre d'hectares équivalent au cinquième ou au sixième de l'étendue totale de la forêt.

L'exécution de la conversion ne porte alors que sur cette portion; elle dure le temps qui lui est assigné, soit vingt, soit vingt-cinq années.

Le surplus de la contenance de la forêt, pendant un laps de temps déterminé, reste soumis à l'exploitation ordinaire des coupes de taillis sous futaie qui y passent une ou plusieurs fois, suivant les prévisions ou les exigences de la transformation.

A l'aide de cette simple combinaison, le revenu ancien est forcément maintenu dans cette contenance; il ne se trouve modifié ou réduit que dans la portion livrée à la conversion.

Pour saisir nettement l'importance de la réduction résultant de la conversion, et celle de la compensation à établir, il faut nécessairement se rendre un compte exact de la production qui était réalisée dans l'emploi des exploitations de taillis sous futaie, et de celle que doit réaliser le procédé de conversion.

Dans l'ancien traitement en taillis sous futaie, l'importance des coupes annuelles s'étendait, avec une révolution de vingt ou vingt-cinq ans, au vingtième ou au vingt-cinquième de la contenance.

Si la contenance de la forêt était pour la portion mise en conversion, 100 hectares par exemple.

Cette importance consistait pour cette portion en 5 ou 4 hectares coupés à blanc étoc, sauf les réserves réglementaires.

Dans le nouveau traitement, les exploitations ne consistant qu'en l'application des coupes préparatoires à l'ensemble de la même contenance combinée avec l'emploi des coupes de nettoiement nécessaires aux plus jeunes peuplements, il s'ensuit que la contenance des coupes préparatoires est fixée le plus souvent au dixième de l'étendue totale de la portion à convertir, c'est-à-dire à une importance qui permette de répéter deux fois en vingt ans ces exploitations.

Ainsi réglée sur l'ensemble de cette portion, l'étendue de ces exploitations sera de 10 hectares par année, si la contenance à convertir est de 100 hectares.

Bien que cette étendue d'exploitations soit double au moins de celle des coupes annuelles de taillis, sa production, qui comprend seulement les bois blancs surabondants, les brins traînants inutiles ou dominés, avec un certain volume d'arbres nuisant au développement des massifs, ne peut se trouver équivalente à la quantité matérielle qui aurait été exploitée sur une contenance de 5 à 4 hectares coupés à blanc étoc avec le traitement en taillis; mais l'expérience a démontré cependant que cette production n'est pas inférieure à la moitié du produit qui aurait été réalisé sur ces 5 ou 4 hectares soumis à l'ancien traitement.

S'il en est ainsi, et des faits nombreux le constatent, il ne s'agit plus, pour compenser entièrement le déficit de production réduit ainsi à moitié, sur la partie mise en conversion, que de trouver un produit équivalent à cette moitié.

Or on trouvera facilement ce supplément de produit dans l'exécution même des coupes de taillis sous futaie, en livrant à l'exploitation tous les anciens existant sur les coupes appartenant à la deuxième portion ou deuxième cinquième, qui devra être mis en conversion, lorsque les vingt années consacrées à la transformation du premier cinquième se seront écoulées.

Toutes les fois que les réserves faites sur les anciennes coupes de taillis ont pu être établies à peu près dans les conditions des règlements, le volume matériel de ces arbres devra suppléer facilement, par son importance, par sa qualité, au déficit qu'aurait créé le rendement des exploitations exécutées en vue du seul intérêt de la conversion.

Après avoir modifié le traitement des taillis dans la portion qui en reçoit une dernière fois l'application, on soumet, en outre, les jeunes peuplements de cette portion à des opérations de nettoiement et à toutes les améliorations reconnues nécessaires pour leur préparation à une efficace conversion.

Ces nettoiements donnent encore des produits utiles qui complètent ceux obtenus dans l'exploitation des plus anciennes réserves.

L'équilibre est donc ainsi établi entre le revenu ancien et celui résultant, d'une part, des peuplements encore exploités en taillis, et, d'autre part, de ceux livrés à la conversion avec l'application des coupes préparatoires, etc.

Telles sont, Messieurs, les combinaisons admises pour assurer le maintien de la production et du revenu d'une forêt de taillis sous futaie soumise à une conversion en futaie.

Dans cette opération, le changement de traitement s'échelonne, soit de vingt en vingt ans, soit de vingt-cinq en vingt-cinq sur toute l'étendue de la forêt qu'il embrasse.

A l'expiration de la première période de vingt ans, une seconde portion est mise en conversion, et l'on opère sur cette portion et sur celle qui doit lui succéder, ainsi que cela vient d'être exposé pour la première partie.

A l'expiration de la deuxième période, on passe à la troisième portion, ainsi de suite jusqu'à la dernière portion.

La durée, pour la conversion de l'ensemble de la forêt, avec les combinaisons qui viennent d'être indiquées, embrasse un laps de temps de cent ou cent vingt années.

Il s'ensuit qu'il faut cinq ou six périodes de vingt ans pour arriver à l'entier achèvement de cette œuvre.

Les portions de forêt ainsi successivement converties prennent le nom d'affectation avec les n^{os} **1**, **2**, **3**, **4**, 5 ou **6**, suivant qu'elles appartiennent soit à la première, à la deuxième, à la troisième, à la quatrième, à la cinquième ou à la sixième période de la conversion ou du nouveau traitement.

Dans les portions de la forêt ainsi successivement livrées à la conversion, l'application des coupes préparatoires d'éclaircie ou de nettoiement s'exécute par dixième de la contenance respective, jusqu'à l'époque où doit s'effectuer la régénération.

L'époque de la régénération arrive le plus souvent après l'expiration des deux premières périodes de vingt ans et au moment où commence l'ouverture de la troisième période qui doit continuer l'application de la conversion à la troisième portion de la forêt ou au troisième cinquième de sa contenance.

A cette époque, les peuplements divers de la forêt se trouvent dans les conditions d'âge suivantes :

Première portion livrée à la conversion, en première période. (Première affectation.) Peuplement de quarante à soixante-cinq ans.

Deuxième portion livrée à la conversion, en deuxième période. (Deuxième affectation.) Peuplement de vingt à quarante-cinq ans.

Le surplus de la contenance non encore mis en conversion aura, suivant les règles ordinaires du traitement en taillis, d'un à vingt-cinq ans.

L'âge de soixante-cinq ans des peuplements de la forêt ainsi constituée étant très-favorable à la production des graines, c'est à cet âge que commencera, avec la régénération des peuplements, l'application de la révolution normale de futaie fixée le plus souvent à cent vingt ans.

De sorte que, en même temps que l'on procédera, dans la troisième période de vingt années, à la conversion de la troisième portion de la forêt, on exécutera la régénération de la première portion convertie ou première affectation, qui devra également se trouver achevée dans le même laps de temps réglé pour la conversion de chaque portion de la forêt.

A l'époque de cette exécution simultanée des coupes de conversion d'une part, et des coupes d'ensemencement et de régénération de l'autre, il ressortira une augmentation très-sensible dans la production et dans la qualité même de cette production.

Après la régénération de la première affectation, on passera à la deuxième en continuant, de la manière indiquée, l'application de la révolution normale de futaie et, parallèlement, l'œuvre de la conversion dans les diverses portions de la forêt.

Ainsi que je crois l'avoir démontré, ce procédé de conversion assure, dans les deux premières périodes de vingt années, le maintien des revenus. Dans les périodes qui suivent, il crée des produits et des revenus plus élevés en raison de la mise en régénération de la partie convertie en la première période.

Cette augmentation se maintient et se complète de plus en plus dans les périodes suivantes, jusqu'à l'achèvement en la conversion.

Ce que ce procédé a surtout de satisfaisant, c'est que les peuplements convertis arrivent successivement à la régénération avec des conditions égales d'âge, de sorte que l'on a évité, dans l'application de la révolution normale de futaie, de maintenir trop longtemps sur pied des peuplements crus sur souches ou composés d'essences à existence limitée.

J'ai signalé, Messieurs, à votre attention plus particulièrement ce procédé de conversion, non parce qu'il me semblait le meilleur, mais parce qu'il était le plus simple, le plus facile à saisir, et qu'il avait surtout en vue le maintien régulier et constant des revenus dans la forêt soumise à la conversion.

Il existe bien d'autres procédés de conversion : leur agencement est toujours subordonné aux conditions diverses qui affectent les peuplements ou l'étendue des forêts.

Avec le procédé mis sous vos yeux, on n'arrive à la régénération qu'après un écoulement de quarante années.

Ce temps peut, dans certains cas, être abrégé.

C'est surtout l'âge et la qualité des peuplements qui permettent de rapprocher l'époque de la régénération. Il ne faut pas négliger cette condition favorable, parce qu'en définitive elle a pour effet de supprimer, dans un plus court délai, les coupes de taillis maintenues seulement en vue de la conservation des revenus forestiers.

Le mode de conversion dont je viens d'exposer les combinaisons reçoit surtout une application très-facile lorsque la forêt où il doit être pratiqué renferme cinq ou six séries d'exploitations de taillis sous futaie.

On place chacune de ces séries dans une affectation. Leur nombre correspond alors avec celui des affectations ordinairement établies dans une conversion sans aucune modification apportée aux limites mêmes de l'ancien traitement.

Lorsque cet ancien traitement avait ses coupes divisées sur le terrain, la formation, ainsi faite, des affectations avec des séries spéciales facilite singulièrement la marche régulière de la conversion.

Il arrivera aussi que les affectations de la conversion ainsi constituées avec des séries indépendantes ne se trouveront pas de contenances égales; il sera indispensable, lors de l'application de l'aménagement normal en futaie, c'est-à-dire à l'époque où s'exécutera la régénération, de ne procéder à cette opération par affectation que dans la limite de la contenance normale que l'on obtient en divisant la contenance générale de la forêt par le nombre de périodes de vingt ans comprises dans la révolution déterminée par la futaie.

Si la révolution est cent vingt ans, par exemple, et que le nombre de périodes soit six, c'est donc par six qu'il faudra diviser la contenance générale de la forêt pour avoir l'étendue exacte d'une affectation normale.

Il ne faut s'éloigner de ce type que lorsque des difficultés naturelles ne permettent pas de l'adopter.

Mais la facilité que donnent un grand nombre de séries dans une forêt pour l'œuvre de la conversion ne se rencontre pas toujours; bien des forêts n'en renferment que trois ou quatre et même une ou deux.

Ces diverses conditions exigent nécessairement d'autres

combinaisons, d'autres procédés, pour maintenir les revenus dans l'œuvre de la conversion.

On parvient cependant assez facilement à ce résultat avec trois séries; c'est ce que j'établirai par quelques exemples donnés à la suite de ce travail.

J'arrive, Messieurs, à la fin de la tâche que je me suis imposée, celle de vous soumettre l'étude de la solution à donner à la question de la transformation des taillis en futaie.

Je serai heureux si je suis parvenu, dans les développements que je viens de vous exposer, à vous faire saisir toute l'importance de cette transformation et les heureux résultats qu'elle peut produire pour l'avenir de nos forêts.

L'œuvre de la conversion des taillis en futaie est donc aujourd'hui largement entreprise sur toutes les parties boisées du pays. Exécutée dans les conditions que je viens d'indiquer et dans celles étudiées et réglées par des agents capables et intelligents formés par l'excellente et solide instruction donnée à notre école forestière de Nancy, cette œuvre doit assurer à nos forêts, pendant les trente ou quarante années qui vont suivre, une production sinon supérieure, au moins égale; mais après l'écoulement de cet espace de temps, si peu important dans l'existence d'une nation comme la nôtre, une ère nouvelle commencera avec la régénération de nos forêts. Il ressortira alors un accroissement important dans la production, qui ne fera que se développer jusqu'à l'achèvement de l'œuvre entreprise.

C'est alors qu'à l'époque de cet achèvement la production matérielle de nos forêts domaniales aura atteint son maximum, c'est-à-dire un chiffre double, en volume et en qualité, de celui actuellement réalisé, et je ne crains pas d'assurer que la valeur de cette production en argent, qui s'élève aujourd'hui à 42 millions environ, dépassera 80 à 90 millions, que l'État encaissera un jour, s'il sait conserver son précieux domaine forestier.

Mais, en même temps que l'État aura réalisé un revenu

aussi élevé, les besoins généraux du pays recevront une plus large et plus complète satisfaction.

Ils n'auront plus recours aux ressources de l'étranger, qui ne nous arrivent qu'avec le sacrifice de capitaux enlevés à la richesse nationale.

Si l'exemple donné par l'État est suivi par les communes, alors la satisfaction sera plus complète encore, parce que la production de notre sol forestier en France se trouvera dans les excellentes conditions que lui assurent son utile composition et son heureuse situation.

Tel sera, j'en ai la conviction, Messieurs, le résultat des conversions des taillis en futaie ; je ne suis entré dans tous les détails de ce système de traitement que pour vous en démontrer toute l'utilité et tout le bienfait.

Il ne me reste plus, pour compléter ce travail, qu'à faire connaître les exemples de conversion les plus usités qui peuvent s'appliquer au plus grand nombre de nos forêts actuellement traitées en taillis sous futaie.

PREMIER EXEMPLE DE CONVERSION.

Soit une forêt d'une contenance étendue atteignant ou dépassant 1,000 hectares, qu'il s'agit de soumettre à la conversion.

Voici comment on pourrait opérer :

On divisera, en premier lieu, cette forêt en autant de parties ou d'affectations qu'on admettra de périodes dans la révolution normale déterminée pour l'éducation de la futaie.

Si la révolution de futaie est cent vingt ans, on aura six portions ou six affectations avec six périodes de vingt ans chacune.

On rattachera, en deuxième lieu, à chacune de ces affectations une des séries de l'ancien aménagement comprises dans la forêt à convertir.

On aura soin, dans cette répartition, que les affectations

soient, autant que possible, égales en contenance. Toutefois on devra ajourner cette égalisation si cette opération devait troubler la suite régulière des exploitations dans chacune des séries placées suivant l'ordre qui vient d'être indiqué ; on ne réaliserait l'égalisation exigée qu'à l'époque où commencera la régénération des peuplements convertis dans chacune des affectations.

Ces bases préliminaires établies, la transformation s'exécute de la manière suivante :

En première période de vingt ans, on convertit la première affectation ou première série avec l'application des coupes de nettoiement, d'éclaircie, ou des coupes préparatoires ; on continue les coupes de taillis dans les affectations n°s 2, 3, 4, 5 et 6, renfermant les diverses séries qu'on y a fait entrer.

Si les séries où le traitement du taillis est continué avaient des révolutions différentes, vingt, vingt-cinq et trente ans, on exécuterait les exploitations par vingtième seulement de la contenance de chaque série.

En deuxième période de vingt ans, à l'expiration de la première, on met en conversion la deuxième affectation ou la deuxième série avec l'application des coupes indiquées pour la conversion de la première affectation ; on continue ensuite les coupes de taillis sur les affectations n°s 3, 4, 5 et 6.

Ainsi de suite jusqu'à ce que la dernière ou sixième affectation soit mise en conversion.

Les suppressions des coupes de taillis, dans cet exemple, se répartissent également sur toutes les périodes ; l'affaiblissement de la production est mieux établi, et n'est à craindre que pendant les première, deuxième et troisième périodes qui doivent s'écouler avant l'époque où on appliquera la régénération à la première affectation. Cette époque n'arrivera, en effet, qu'à l'ouverture de la quatrième période de la conversion.

Mais l'on remarquera qu'il a déjà été paré en grande partie à cet affaiblissement, au moins pour la première période, puisqu'on aura abaissé toutes les révolutions de vingt-cinq et de trente ans dans les séries qui les subissaient, en les réduisant au terme de vingt ans, pour faire concorder leur importance avec la durée admise pour chaque période de la conversion.

Cet abaissement, appliqué effectivement dès l'ouverture de la conversion dans la première affectation et pendant la première période, couvre largement le déficit de production qui résulte de la suppression des taillis dans cette affectation et pendant toute sa durée, parce qu'il a pour effet d'augmenter la contenance des coupes annuelles de taillis dans toutes les autres affectations où ce traitement reste en cours d'exécution.

L'affaiblissement de la production ne peut se faire sentir que lorsque les deuxième et troisième affectations seront mises en conversion, parce que l'exploitation continuée en taillis sur les autres affectations n'ayant lieu que par vingtième sur des peuplements alors âgés de 20 ans, il en résulte nécessairement un déficit de production.

On couvrira facilement ce déficit en livrant à la hache les arbres anciens et modernes réservés dans les révolutions précédentes des taillis; mais l'abatage ne sera toutefois effectué que lorsqu'on exécutera, dans chaque affectation, la dernière révolution des coupes de taillis.

A l'époque de cette dernière révolution en taillis, dans chaque affectation ou série, 2, 3, 4, 5, 6, on devra compléter les vides et clairières ou les parties trop garnies de bois blancs, par des plantations, essences Chêne, Hêtre et Charme à défaut de l'essence Hêtre.

C'est à l'ouverture de la quatrième période de la conversion que l'on commencera l'application de la révolution de cent vingt ans en mettant en coupes de régénération les peuplements convertis de la première affectation.

Si l'on n'avait pu, lors de la formation des affectations, leur donner une contenance égale, on procédera à cette réalisation en ne régénérant que le sixième juste de la contenance générale de la forêt mise en conversion.

A l'époque de cette œuvre de régénération, les âges des peuplements existants dans la forêt mise en transformation se trouvent ainsi répartis :

1re affectation,	âge	des peuplements	....	85 à 90 ans.
2e	—	—	—	40 à 60
3e	—	—	—	20 à 40
4e	—	—	—	1 à 20
5e et 6e	—	—	—	1 à 20

La mise en régénération de la première affectation, ou l'application de la première période de la révolution normale de futaie, n'interrompt pas les phases arrêtées pour la conversion des diverses affectations ; on procède alternativement avec la quatrième, avec la cinquième et avec la sixième comme il a été indiqué pour les première, deuxième et troisième.

Voici, au surplus, pour éviter toute erreur, l'ordre qui sera suivi :

1o Révolution de la conversion ou transformation.	2o Révolution de la futaie avec 120 ans, ou six périodes de 20 ans.
4e pér., conversion de la 4e affect.	1re pér., régénération de la 1re affect.
5e — — de la 5e —	2e — — de la 2e —
6e — — de la 6e —	3e — — de la 3e —
	4e — — de la 4e —
	5e — — de la 5e —
	6e — — de la 6e —

La transformation complète de la forêt en futaie aura duré cent quatre-vingts ans, mais elle aura déjà produit son effet bienfaisant dès l'écoulement des trois premières périodes de la conversion, sur des sols améliorés par le maintien sur pied, pendant soixante années, de peuplements qui étaient antérieurement coupés tous les vingt-cinq ou trente ans.

Dans ce premier exemple, la formation des affectations par périodes de vingt ans a donné lieu à un abaissement proportionnel dans la durée des révolutions de taillis à continuer sur les cinq dernières affectations ; si l'on trouvait des inconvénients sérieux à cet abaissement, on pourrait, si l'on tenait à ne porter aucun trouble dans l'ordre et la contenance des exploitations de taillis, adopter les combinaisons suivantes qui constituent un deuxième exemple de conversion.

DEUXIÈME EXEMPLE DE CONVERSION.

Soit une forêt de Chênes et de Hêtres comprenant six séries exploitées en taillis avec une révolution de vingt-cinq ans à mettre en conversion.

Cette forêt serait divisée en six affectations renfermant chacune une des six séries.

A chaque affectation correspondrait une période de vingt-cinq ans, soit, pour les six, une durée de cent cinquante ans.

Si la contenance des diverses affectations ainsi composées n'avait pu être égalisée à l'ouverture de la conversion, pour ne pas déranger l'ordre et les limites des coupes, il y serait procédé seulement à l'époque de l'application de la révolution de futaie, qui ne serait effectuée par période égale de vingt-cinq ans que sur chaque sixième de la contenance totale des six séries mises successivement en conversion.

On opérerait ensuite comme dans le premier exemple.

Ainsi, pendant la première période, on ferait des coupes préparatoires de nettoiement ou d'éclaircie, dans la première affectation ou première série, et l'on couperait en taillis : 1° une dernière fois la deuxième affectation avec extraction de tous les anciens au moins; 2° les troisième, quatrième, cinquième et sixième affectations, mais sans autre extraction d'arbres que ceux viciés ou dépérissants.

Pendant la deuxième période, on convertirait la deuxième affectation par la méthode indiquée et l'on couperait en taillis 1° une dernière fois la troisième affectation avec extraction des anciens; 2° les quatrième, cinquième et sixième affectations, mais sans extraction.

Ainsi de suite pour les autres périodes et les autres affectations.

A l'ouverture de la troisième période, à l'époque où l'on devrait mettre en conversion la troisième affectation ou série, la révolution de futaie commencerait par la mise en coupes de régénération de la première affectation, dont on réglerait l'étendue au sixième de la contenance totale de la forêt à convertir, si cela n'avait pas été exécuté au commencement de la conversion.

Cette égalisation de contenance ne présente, d'ailleurs, aucune difficulté dans son exécution.

Effectivement, si la contenance de la première série placée dans la première affectation dépasse le sixième de la contenance totale de la forêt, il suffit, pour obtenir cette égalisation, de reporter purement et simplement la contenance excédant le sixième à la deuxième affectation.

Si, au contraire, la contenance de cette première série se trouvait plus faible que le sixième cherché, on emprunterait ce qui manquerait à la deuxième affectation.

On agirait de la même manière pour régulariser la contenance des autres affectations.

L'époque de l'application de la révolution de futaie arrivant après l'achèvement de la conversion des deux premières affectations, c'est-à-dire à la troisième période, lorsqu'il s'agira de commencer avec cette application les coupes de régénération, la forêt se trouvera dans les conditions suivantes de peuplements :

1re période,	1re affectation,	peuplements de....	50 à 75 ans.
2e —	2e —	—	25 à 50
3e —	3e —	—	1 à 25
4e —	4e —	—	» »
5e —	5e —	—	» »
6e —	6e —	—	» »

L'application de la révolution normale de futaie et la continuation de la conversion dans les troisième, quatrième, cinquième et sixième affectations marcheraient parallèlement.

Il est bien entendu que, lors de l'exécution des dernières coupes de taillis dans chaque affectation, on aura convenablement complété les peuplements existants par toutes les améliorations jugées nécessaires pour leur préparation à une efficace conversion.

Avec ce procédé, en deux cents ans on aurait exécuté la transformation et l'on aurait obtenu une forêt d'un à cent cinquante ans sans troubler l'ordre et l'âge des coupes de taillis effectuées temporairement dans l'intérêt du rapport soutenu.

Ce procédé est en partie conforme au premier, mais il ne dérange pas l'ordre dans les exploitations de taillis, et il présente surtout l'avantage de faire arriver d'emblée à une durée de révolution de futaie entièrement satisfaisante pour la production des bois de service et de qualité.

TROISIÈME EXEMPLE DE CONVERSION.

La forêt de Jouy, située dans le département de Seine-et-Marne, comprend **1**,353 hectares soumis en **1861** au traitement en taillis avec des révolutions de coupes de vingt-cinq à trente ans.

Cette forêt, assise sur un sol excellent, produisant des arbres de marine de premières espèce et qualité, était tellement envahie par les bois blancs, que l'essence Chêne disparaissait insensiblement de toutes les coupes.

L'administration, sur les rapports des agents forestiers, a jugé indispensable de modifier radicalement le traitement subi par cette forêt intéressante.

Une commission spéciale d'aménagement a étudié sérieusement l'état de cette forêt, et elle a proposé sa conversion en futaie avec les combinaisons suivantes :

Fixation de la révolution de conversion à cent vingt ans divisée en six périodes de vingt ans chacune, auxquelles correspondent autant d'affectations basées entre elles sur une égalité complète de contenance.

Les parcelles composant l'ensemble de la forêt sont réparties ainsi qu'il suit dans les affectations :

Dans les première et sixième affectations se trouvent placés les peuplements où les bois blancs dominent pour être exploités en taillis à l'âge de vingt-cinq et trente ans pendant la durée de la première période de vingt ans.

Dans les deuxième, troisième, quatrième et cinquième affectations se trouvent compris les parcelles ou peuplements dans lesquels la proportion des bois durs permet de préparer des massifs susceptibles de recevoir l'application des coupes préparatoires répétées tous les dix ans, c'est-à-dire deux fois par période.

L'application de cette combinaison donne les résultats ci-après pour la première période :

1re affectation : coupes de taillis, possibilité 1/20 de la contenance de l'affectation.

2e affectation : coupes préparatoires, possibilité 1/10 de la contenance de l'affectation.

3e affectation : coupes préparatoires, possibilité 1/10 de la contenance de l'affectation.

4e affectation : coupes préparatoires, possibilité 1/10 de la contenance de l'affectation.

5e affectation : coupes préparatoires, possibilité 1/10 de la contenance de l'affectation.

6e affectation : coupes de taillis, possibilité 1/20 de la contenance de l'affectation.

L'aménagement comprend deux séries de futaie de contenance approximative, la combinaison qui précède s'applique sans difficulté à chacune des séries.

En deuxième période, les coupes de taillis sont supprimées dans les première et sixième affectations ; elles sont remplacées par des coupes de nettoiement et d'éclaircie exécutées par dixième de la contenance de chaque affectation.

En même temps commence l'application des coupes de régénération dans la deuxième affectation mise en conversion dans la première période. Les coupes préparatoires se continuent dans les troisième, quatrième et cinquième affectations, et les éclaircies s'exécutent sur les première et sixième affectations.

Ainsi de suite, c'est-à-dire que, dans les périodes suivantes, les coupes de régénération changent d'affectation et passent, de période en période, à la troisième, à la quatrième, à la cinquième et enfin à la sixième affectation.

Les deux séries subissent identiquement le même traitement.

La possibilité qui résulte de ce règlement s'élève, par année, pour les deux séries, dans la première période, à 23h,60 de coupes de taillis et à 94h,60 de coupes préparatoires.

En volume probable, cette possibilité est évaluée à.	7,929 m. c.
La possibilité ancienne s'élevait à. . . .	7,722
Il en résulte en faveur du nouveau règlement une différence de.	207 m. c.

Cette différence prouve que les combinaisons de ce procédé de conversion assurent, pendant la première période, le maintien intégral du revenu ancien réalisé avec le traitement en taillis.

QUATRIÈME EXEMPLE DE CONVERSION.

Dans cet exemple, il s'agit de convertir en futaie une forêt de 348 hectares, divisée en trois séries d'aménagement de taillis avec des révolutions de vingt-cinq ans.

Voici le procédé adopté :

Il a été admis, en premier lieu, que pour la transformation on emploierait une révolution transitoire de cinquante ans, divisée en deux périodes de vingt-cinq ans, correspondant aux termes des révolutions fixées pour les taillis délimités par vingt-cinquième sur le terrain.

En deuxième lieu, que l'on suspendrait, pendant la première période, les coupes de taillis dans la première série en les remplaçant par des coupes préparatoires répétées deux fois pendant la durée de la période ; que l'on continuerait les coupes de taillis sur les deuxième et troisième séries en suivant l'ordre des numéros, en ayant soin de repeupler les vides s'il en existe ; qu'enfin on effectuerait, en outre, sur ces coupes de taillis, des coupes de nettoiement et d'éclaircie sur toute leur étendue, deux fois pendant le cours de la période.

Pour la deuxième période de vingt-cinq ans, il a été réglé que l'on exécuterait des coupes préparatoires dans les première et deuxième séries et que l'on continuerait les coupes de taillis sur la troisième série en se conformant aux instructions indiquées et à la marche suivie pour la première période.

A l'expiration de la révolution transitoire de cinquante ans, si les règles tracées ont été observées, on aura obtenu un massif ainsi composé :

1re série,	peuplement de	50 à 75 ans.	Réserves de	75 à 150 ans.
2e	—	25 à 50	—	50 à 100
3e	—	1 à 25	—	25 à 50

La forêt formera alors une seule série à laquelle devra être appliquée une révolution de cent cinquante ans, et les coupes de régénération pourront commencer.

Une forêt ainsi traitée présentera des produits sinon supérieurs, du moins sensiblement égaux pendant la première période de la révolution transitoire ; mais pendant la deuxième période les mêmes produits s'accroîtront d'année en année, jusqu'à l'époque où commencera l'exécution de la révolution normale de futaie.

Dans cet exemple de conversion qui s'applique à une forêt pourvue de trois séries de taillis, on pourrait abréger la révolution transitoire et la fixer à trente ans seulement, si une ou deux des séries de taillis avaient une révolution de trente ans.

A l'expiration de cette révolution transitoire, les peuplements auraient atteint l'âge de soixante ans et pourraient facilement être mis en coupes de régénération.

C'est à cette époque, comme à l'expiration de la révolution transitoire de cinquante ans, que l'on diviserait la forêt en un nombre d'affectations suffisant pour recevoir l'application de la révolution de futaie, que l'on fixerait suivant les conditions du peuplement, soit à cent vingt, soit à cent quarante ou cent cinquante ans.

CINQUIÈME EXEMPLE DE CONVERSION.

Il s'est présenté, dans la pratique, une excellente forêt dans de très-bonnes conditions de peuplement, renfermant une contenance de 510 hectares.

Cette forêt comprenait deux séries de taillis coupées à vingt-cinq ans et une portion de série démembrée par suite d'un échange et renfermant un certain nombre de coupes ensemble d'une contenance de 50 hectares.

On a proposé de diviser cette forêt en cinq affectations correspondant chacune à une période de vingt années et de fixer, par conséquent, sa révolution de futaie ou de conversion à cent années.

On a demandé la suppression de toutes les coupes de taillis et on a fait précéder l'application de la révolution de futaie qui devait commencer la régénération dans les peuplements les plus âgés qui ne dépassaient pas vingt-cinq ans, par une révolution transitoire de quinze ans.

Pendant cette courte révolution on ferait parcourir deux fois en coupes préparatoires toute l'étendue de la forêt en prenant huit coupes par exercice.

Ces huit coupes renfermeraient une moyenne annuelle de $67_{h}.66$ dont on estime le produit au-dessus du rendement actuel des coupes de taillis.

A l'expiration de cette période de quinze ans on commencerait l'application de la révolution de cent ans.

Cette application donnerait alors une augmentation très-sensible dans le revenu de la forêt.

Cette augmentation irait sans cesse en progressant, parce que les massifs entreront en régénération successivement.

Les 1ers à	40 ans,	1re période,	1re affectation.	
Les 2es à	46 —	2e —	2e —	
Les 3es à	66 —	3e —	3e —	
Les 4es à	86 —	4e —	4e —	
Les 5es à	110 —	5e —	5e —	

Pendant l'application de cette révolution les coupes préparatoires devront continuer sur les affectations non en tour de régénération, et les éclaircies s'effectueront sur les affectations régénérées.

L'avantage principal que présente cette combinaison, c'est la suppression immédiate des coupes de taillis dans toute la forêt.

Il est vrai que la régénération s'exécute, dans les deux premières périodes, à un âge peu avancé, et que plus tard, lorsque la révolution entière sera terminée sur l'ensemble de la forêt, la nouvelle régénération s'appliquera à des peuplements de semis de cent ans encore jeunes et susceptibles de prendre un plus grand développement.

Ces inconvénients, je le reconnais, sont sérieux; il faut les peser et décider si la continuation des taillis qu'on a la facilité de supprimer immédiatement n'en présenterait pas de beaucoup plus dangereux.

Quel que soit le parti que l'on prenne, j'ai cru utile de faire connaître cet exemple qui pourrait être appliqué aux forêts qui n'ont pas souffert du régime des taillis.

Les exemples précédents de conversion sont les plus ordinaires parce qu'ils peuvent s'appliquer aux conditions les plus fréquentes existant dans nos forêts.

Il se rencontre cependant quelques forêts dans lesquelles il existe des quarts de réserves ou des parties en futaie ou en demi-futaie ainsi traitées en dehors des règlements ordinaires des exploitations. Lorsqu'un cas de cette nature se présente, l'œuvre de la conversion est plus facile et l'on risque moins, dans son exécution, d'affaiblir les revenus. Comme ce cas peut se présenter souvent, il m'a paru utile de faire connaître ici les combinaisons qui ont été adoptées dans la conservation de Paris pour une forêt qui contenait 442h,93 dont 116h,79 en futaie âgée de soixante-dix à cent ans et 326h,14 soumis à des exploitations de taillis avec une révolution de vingt-cinq années.

Voici les combinaisons adoptées qui constituent un sixième exemple de conversion :

Dans cet exemple, la forêt, ne renfermant qu'une contenance de 442h,93, doit comprendre une seule série de futaie.

La révolution première de cette futaie a été fixée à cent ans, divisés en cinq périodes de vingt ans.

La forêt a été, en conséquence, partagée en cinq affectations correspondant chacune à une des périodes de la révolution.

La première affectation a été formée avec 74h,73 de l'ancienne section de taillis et avec 28h,38 de la réserve, soit en étendue 103h,11.

La deuxième affectation a été composée avec le restant de la réserve, soit avec une étendue de 88h,71.

Les troisième, quatrième et cinquième affectations ont été

établies avec le surplus de la contenance de l'ancienne section de taillis, $251^h,41$ divisés par trois, soit pour chaque $83^h,80$ environ.

Voici la marche proposée pour la conversion :

La première affectation, renfermant deux massifs de consistance très-différente $74^h,73$ de taillis et $28^h,38$ de futaie, le traitement à lui appliquer pendant la première période présentera deux sortes d'exploitations bien différentes dans leur exécution, mais arrivant au même but, celui de créer des peuplements susceptibles, au renouvellement de la révolution de futaie, de subir la même nature d'exploitation, soit des coupes de régénération.

Les $74^h,73$ de taillis qui comprennent les numéros 1 à 6 de l'ancien aménagement, ayant actuellement l'âge de 2 à 4 ans et de 22 à 26 ans, sont considérés comme déjà régénérés et comme devant rester sur pied pendant toute la révolution de cent ans.

On se borne alors, sur leur étendue, à effectuer l'extraction de toutes les vieilles réserves, des modernes mal venants, des bois blancs et des bois durs inutiles au massif, en ayant soin seulement de compléter les vides, s'il en existe, par des plantations de bois durs.

Les $28^h,38$ de futaie sont soumis, en raison de leur faible importance, à une exploitation à blanc étoc répartie sur l'ensemble de la période, soit $1^h,42$ par année, pour la durée de cette période.

Chacune de ces coupes sera repeuplée avec des plantations de Chêne et de Hêtre.

Ces bases arrêtées pour la première affectation, on fera, en outre, pendant la première période, des éclaircies dans la deuxième affectation, et des nettoiements et des extractions dans les trois autres affectations. Ces opérations devront être répétées deux fois pendant le cours de cette période.

En deuxième période, on régénérera avec des coupes d'ensemencement la deuxième affectation, dont les peuplements présenteront un âge moyen de cent dix ans; les autres affectations, une, trois, quatre et cinq, subiront, de dix ans en dix ans, des coupes d'éclaircie, avec une extraction de réserves limitée aux arbres qui ne pourraient marcher avec le massif jusqu'à l'époque de la régénération.

En troisième, quatrième et cinquième périodes, on régénérera l'affectation correspondante, et l'on aura, la révolution de cent ans terminée, une suite de peuplements gradués d'un à cent quatre ans, et, pour quelques parties, de cent vingt-deux à cent vingt-six ans.

A ces peuplements, sans aucun doute bien venants, on appliquera alors la révolution de futaie qui leur conviendra le mieux.

Dans cet exemple réduit à son plus simple énoncé, on réalise, dans la première période, un revenu supérieur à celui réalisé avec l'ancien traitement en taillis; dans la deuxième période, avec la régénération des bois de cent dix ans en moyenne, appartenant à la deuxième affectation, on est certain d'obtenir une augmentation très-importante dans le revenu pécuniaire ou matériel de la forêt.

Ce revenu se maintiendra dans les périodes suivantes; s'il n'est pas aussi élevé que dans la deuxième période, il se trouvera, néanmoins, bien plus élevé que le rendement moyen de la dernière révolution de taillis qui n'a atteint que le chiffre de 22,460 francs.

Ainsi que je l'ai déjà dit dans ce travail, je n'ai pas eu la pensée d'indiquer les meilleurs procédés de conversion; seulement, après vous avoir démontré l'utilité de l'œuvre de transformation entreprise par l'administration, et vous avoir fait connaître les sols et les peuplements qui pouvaient la subir avec les conditions qui devaient surtout en régler les procédés, j'ai désiré mettre sous vos yeux les principaux exemples de cette opération exécutés dans la conservation de Paris.

Ces exemples pourront servir à tous ceux qui chercheraient l'amélioration de la production dans les forêts qu'ils possèdent en vue d'une plus large satisfaction de nos besoins généraux et d'un traitement forestier plus conforme aux règles tracées par la nature.

EXTRAIT DES MÉMOIRES DE LA SOCIÉTÉ IMPÉRIALE ET CENTRALE D'AGRICULTURE DE FRANCE. — ANNÉE 1865.

PARIS. — IMPR. DE Mme Ve BOUCHARD-HUZARD, RUE DE L'ÉPERON, 5.

www.ingramcontent.com/pod-product-compliance
Ingram Content Group UK Ltd.
Pitfield, Milton Keynes, MK11 3LW, UK
UKHW020953180726
13838UKWH00003B/1292

9 782329 394138